進化するゼロエミッション活動
――低炭素社会へシフトするための最強のコンセプト――

国連大学ゼロエミッションフォーラム編

目次

開会の辞　藤村宏幸──2
謝辞　コンラッド・オスターヴァルダー──4

1. 自治体の事例──6
はじめに　三橋規宏…7
「エコポリス板橋」の実現をめざして　坂本健…11
低炭素な環境文化都市づくり　渡邉嘉蔵…21
環境技術の移転を通じた国際貢献に向けて　伊藤和良…30

2. 産業界の事例──44
はじめに　谷口正次…45
循環型社会から低炭素社会に向けて　尾花博…46
リコーグループの環境経営活動　酒井清…60
環境保全から環境創造の時代へ　金井誠…72

3. 学界の事例──84
はじめに　鈴木基之…85
プランテーションでのバイオマス利活用の促進と課題　藤江幸一…89
学際から超域へ――ゼロエミッション研究を通して　伊波美智子…102
亜臨界水で有機性廃棄物を資源・エネルギーに転換　吉田弘之…112

国連大学ゼロエミッションフォーラム創立10周年記念シンポジウム
開会の辞

藤村宏幸（国連大学ゼロエミッションフォーラム会長）

　2009年をもってゼロエミッションフォーラムを解散するに当たり、とりわけゼロエミッションの普及、実践に大変にご努力いただいた皆様、ほんとうに長い間ありがとうございました。おかげさまで、このゼロエミッション活動、地方でも、自治体でも、産業界でも、国内だけでなく海外でも、いろいろな形で大変深く進化し、発展してきました。これは、一重に皆様方のご努力の賜物と、大変感謝しています。

　サステナブルな社会の構築を目指して、世の中、確かに変革が始まっています。環境問題は、自然共生社会の構築、低炭素社会の構築、あるいは循環社会の構築の三つを柱として、格差の問題、資源の問題、気候の問題等々、いろいろな形で改革が進みつつあります。

　しかし、改革のスピード等々については、いろいろ問題があります。他にも我々は多くの困難に直面しています。例えば、規制の問題、政策、対策、あるいは市場経済そのものの問題点、民主主義の問題点、かなりの問題点を認識するに至っています。

　それらをサステナブルな社会の構築に間に合うように変革していくためには、どうしても行動そのものをスピードアップしなければいけません。まさに、その行動のための考え方、

コンセプトがゼロエミッションですので、今後ますます自発的な発展がいろいろな形で進化するものと思っています。特に地方から、企業から、あるいは草の根から、そのような活動が力強く起こることによって、サステナブルな社会の構築が進むものと期待しています。

　ここにお集まりいただいた皆様方は、こういう面で、このゼロエミッションフォーラムの活動を通じて、あるいはフォーラム外においても大変に努力してくださいましたし、貴重な成功体験をお持ちです。今後とも、是非リーダーとしてますます活発にご活動願いたいと思っています。また、そういうゼロエミッション活動を通じて、世の中を変えてくださったことに深く感謝しています。

国連大学ゼロエミッションフォーラム創立10周年記念シンポジウム

謝　辞

コンラッド・オスターヴァルダー （国際連合大学学長）

　学界、自治体、そして産業界の代表の皆様、ご列席の皆様、本日は、国際連合大学（国連大学）ゼロエミッションフォーラム創立10周年の節目を迎えるに当たり、皆様にお集まりいただき、心より感謝申し上げます。

　国連大学は、ゼロエミッションフォーラム構想で、志を同じにする仲間たちが重大な仕事を成し遂げたことを誇りに思っております。この場をお借りして、ゼロエミッションフォーラムの藤村宏幸会長、国連大学の鈴木基之元副学長、そして国連大学ゼロエミッションフォーラムイニシアチブの立ち上げに尽力してくださった皆様のリーダーシップに対し、私個人としても、御礼申し上げます。

　本日は、ゼロエミッションフォーラムの過去10年にわたる重大な功績を振り返り、学界、自治体、そして産業界からの多大なる貢献に感謝の意を表するにふさわしい日です。

　同時に、本日のシンポジウムは、未来に目を向ける大切な機会を与えてくれます。国連大学ゼロエミッションフォーラムの任務は2009年で完了しますが、ゼロエミッションの考え方に対する認識と理解をさらに高めるための仕事は、まだたくさん残っています。

　このフォーラムは、特に日本、そしてその他のアジア諸国

においてゼロエミッションのコンセプトや活動を広め、情報を発信することに成功をおさめてきました。さらにこのフォーラムは、学界、自治体、民間セクターを非常に生産的な方法で一堂に集め、協力体制づくりと建設的な対話を進めてきました。

　今、私たちは、気候変動や最近の国際的な経済危機、そして人間の行動が地球環境全体にマイナス影響を与え続ける多くの環境問題に直面しています。だからこそ、私たち全員の力で、これらの課題に効果的に取り組むため、カーボンフットプリント（炭素の足跡）を減らし、国際社会の能力を高める手段を見つける責任があるのです。

　ここで強調させていただきたいのは、国連大学が、あらゆるレベルの教育、そして持続可能性の課題に対する理解を深めることが、地方、国、地域、世界的なレベルでの取り組みの中できわめて重大だと考えているということです。

　したがいまして、ぜひともこのシンポジウムを通して、ゼロエミッション活動と今後の方向について注意深くご検討いただきたいと思います。そして、本日の皆様による討議が、過去10年、このゼロエミッションフォーラムイニシアチブで効果的な働きをしてくれた学界、自治体、産業界の三主役に今後の継続的な貢献をもたらすことを期待しています。

　あらためて、国連大学を代表し、2000年から尽力してくださったゼロエミッションフォーラムチームと、協力していただいた皆様に御礼を申し上げます。皆様の輝かしい将来を心よりお祈り申し上げます。

　ありがとうございました。

国連大学ゼロエミッションフォーラム創立10周年記念シンポジウム

第1章
自治体の事例

はじめに
三橋規宏（自治体・NPO・地域活動ネットワーク代表・理事）

「エコポリス板橋」の実現をめざして
坂本　健（板橋区長）

低炭素な環境文化都市づくり
渡邉嘉蔵（飯田市副市長）

環境技術の移転を通じた国際貢献に向けて
伊藤和良（川崎市経済労働局産業振興部長）

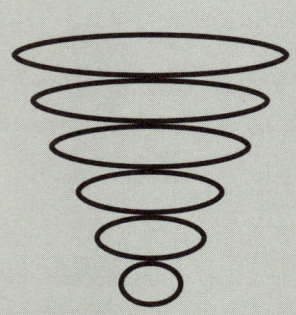

はじめに
地域住民の幸福をつくるための
ゼロエミッション社会
三橋規宏（自治体・NPO・地域活動ネットワーク代表・理事）

　国連大学ゼロエミッションフォーラム（以下、ZEFと称す）は、この10年間、廃棄物を出さない経済社会、廃棄物を出さない地域社会、廃棄物を出さない企業経営を目指してさまざまな啓蒙・普及活動を実行してきました。環境問題の取り組みについては、よく言われるように、「Think globally, Act locally」が大切だとされています。地球的視野で考え、足元から実行するということの大切さを示す言葉だと思います。

　環境問題は、突き詰めて考えれば、それぞれが生活している現場を変えていく努力の積み重ねに他なりません。その点から、地域の取り組みが基本になくてはならないと考えています。このような視点から、ZEFでは、地方自治体のゼロエミッション化が大切だということで、この分野に特に力を入れてきました。地域で発生するごみはできるだけ地域で処理する、資源ごみはできるだけリサイクルさせる、地域が必要とするエネルギーはできるだけ地域で調達する、地域で収穫した食料などはできるだけ地域で消費する、いわゆる地産地消、こういうことがゼロエミッション社会をつくり上げていく上では大切だということで運動してきました。

　しかし、地域社会にとって、ゼロエミッション社会を構築することが究極の目的、最終的な目標ではない、と私は考え

ています。2009年の3月、私はヒマラヤ山脈の南山麓にあるブータンという国を取材してきました。国土面積は、九州とほぼ同じぐらいの大きさです。人口は68万人ぐらい。1人当たりGDP（国内総生産）は1,460ドルで、決して豊かな国とは言えません。しかし、子どもからお年寄りまで、笑顔が絶えない国です。私はこれまで70カ国近くの国を訪ねていますが、これほど子どもからお年寄りまで笑顔が絶えない国は初めてという経験をしました。彼らの多くは、チベット仏教の熱心な信者です。インドと中国に国境を接しており、近くにはネパールもあります。

　私が、なぜブータンへ取材に出かけたかと言いますと、じつはブータンが国家目標として「GNH」（グロス・ナショナル・ハッピネス＝国民総幸福）を掲げた国づくりに取り組んでいるからに他なりません。2008年の9月15日、「リーマン・ショック」が引き金になった世界同時不況が深刻化する中で、それぞれの国の目的は、生産を高めること以外に何か新しい目標がないかということが、日本だけではなくて、世界各国の共通の関心事になってきました。ブータンがそうした目標を掲げて国づくりに取り組んでいる数少ない国の一つとして、一部の人たちから注目されていました。

　ブータンは、もともと王国で、1972年に国王に就任した王様が非常に賢い王様で、彼が76年に、「GNP」（グロス・ナショナル・プロダクト＝国民総生産）よりもGNHの方が大切だと宣言して注目を浴びました。国民が真に必要としているものは、生産ではなくて幸福ではないか。国民一人ひとりが幸せだと感ずるような社会をつくることが政府の究極の目的では

ないか。物がいくらあっても、それだけで国民が幸せになれるとは限らない。心の満足、気持ちの満足こそ大切だということです。このような考え方からブータン政府は、①持続可能な経済開発、②環境保全、③伝統文化の保護、④良い統治、この四つの目標を推進することでGNH（国民総幸福）の最大化を実現しようと取り組んでいます。

　先ほど、ゼロエミッション社会の構築が究極の目的ではないと言いましたが、地域社会の最終目的は、それぞれの地域に住む住民の幸福が最大になるような、政策の推進が必要であり、ゼロエミッション社会はそのための必要条件にすぎないと思っています。
　今日、お話しいただく板橋区の環境への取り組みは、東京23区の中でも突出している自治体で、私の著書である岩波新書『ゼロエミッションと日本経済』の中でその取り組みを紹介しています。また、私は板橋区の環境審議会の委員として、この10年近く参加させていただいていますが、じつに目的がはっきりしており、迷いがなく環境政策に取り組んでいる姿に感銘を受けています。
　長野県飯田市の環境への取り組みもすばらしいです。「環境文化都市」を目指して、環境に伝統文化を融合させ、独特の地域づくりに成功しています。これも、私は別の岩波新書『環境再生と日本経済』という本の中で、飯田市の環境への取り組みを克明に取材して書きました。そのために、飯田市には何度も足を運んでいます。非常にユニークな地域づくり、そして現在は日本一の太陽光発電の町を目指して取り組んで

います。

　川崎市のゼロエミッションへの取り組みも、注目すべき点が多々あります。もともと重化学工業の街、公害の街川崎が、エコ・コンビナートへ転換するためにゼロエミッション団地の構築など、新境地を切り開くためのさまざまな努力、実践を重ねてきた地域です。

　地方自治体は、ゼロエミッション社会をつくり上げていく核ですが、そういう地域がいろいろなところで出てきています。私は、これからの市町村などの地方自治体は、NGO、NPO化の傾向を強めていくことになるだろうと思っています。これまでのように、中央政府の施策を実施するための下部組織としては、地方自治体はやっていけません。地方分権、地方主権の流れの中で、地域住民の総幸福、グロス・ハッピネスを目指す運動のコーディネーター役、あるいはリーダー役が、これからの地方自治体に期待されます。

　今後もゼロエミッションの理念を基調として、さらにさまざまな広がりをもって、地域住民の人たちが「私はこの地域に住んで幸せだった」と言っていただけるような地域づくりに取り組んでいただければと思います。

「エコポリス板橋」の実現をめざして

坂本　健（板橋区長）

はじめに

　板橋区は、東京23区の北西部に位置し、人口約53万人を擁する生活感にあふれた都市です。区内には、近隣商店街を中心とする商業、埼玉県境に近い赤塚地域の都市農業、また荒川沿岸部には工業地域が併存している都内有数の産業都市としての顔を持つ都市です。面積は32.17平方キロメートルで、23区中で9番目です。

　区の木はケヤキです。残された自然環境の保存と損なわれた自然の回復を願って、樹木などの保存と育成に努め、緑化の推進を図るシンボルとしてケヤキを指定しました。そして、区の花はニリンソウです。春、約15センチほどの草丈に白い可憐な花を二輪咲かせます。区では、この花が生育する自然環境を大切に守り育てていきたいという願いを込めて、区の花に指定しました。

　また、区の鳥はハクセキレイです。区内には荒川、新河岸川、石神井川などが流れており、一年中、水辺でよく見ることができる鳥であること、また水棲昆虫などをえさとするハクセキレイが棲み続けられる自然環境を大切に守っていきたいという考えから、板橋区制70周年を記念して区の鳥と制定し

ました。なお、「板橋」という地名の由来は、軍記「延慶本平家物語」によります。源頼朝が陣を築いた地名として「板橋」という名称が初めて現れ、鎌倉時代には板橋の地名があったと言われています。

板橋区の環境行政の歴史

1）環境行政のあゆみ

　板橋区は、もともと軍需産業が盛んな街でした。戦前より、敷地が手に入りやすく、製品の輸送や排水に利用できる河川があり、工場立地に適していたのです。また、1925（大正14）年には、志村地区に危険物を取り扱う軍需工場や、爆発性の化学薬品を製造する工場が集まってきました。1935（昭和10）年に、区内の工場は約270件でしたが、太平洋戦争を翌年に控えた1940（昭和15）年には約1,980件に増えています。そのほとんどは軍需品を生産する陸軍、海軍の協力工場で、軍の監督のもとに管理され、操業を行ってきました。戦後は、朝鮮特需、高度経済成長によって大きく伸びましたが、同時に公害問題も生んでしまったところです。昭和30（1955）年代以降、河川の汚れがひどくなり、工場の廃液によって赤、黄、緑、紫色と、全く虹のような色に変わっていく有様でした。

　こうした中、板橋区は1965（昭和40）年、23区に先駆けて「建築課公害係」を設置し、1991（平成3）年に現在の「環境保全課」に課名を変更し、独自の取り組みを続けてきました。工場公害、自動車公害、環境全般にわたる取り組みを発展的に推進してきました。1995（平成7）年には、後述する環境学

習、環境情報の発信の拠点として「エコポリスセンター」を設置しました。おかげさまで、この間の取り組みには、2004（平成16）年に「優秀環境自治体賞」（フジサンケイグループ主催の「地球環境大賞」）を受賞するなど各方面から大きな評価をいただきました。

2）大気の浄化、地下水・湧水保全、環境教育への取り組み

　自動車公害では、二酸化窒素、浮遊粒子状物質の濃度について全国でワーストワンになるほど大気汚染で有名な大和町交差点があります。国道17号の上に環状7号線が交差し、その上をさらに首都高速が交差する三層構造で、1日の交通量は24万台、周囲を高いビルで囲まれ、自動車の排気ガスの逃げ場がないという場所です。そのため、ワーストワンの汚名を返上すべく、板橋区では全国に先駆けて、1990（平成2年）度より2004（平成16年）度まで、低公害車の購入を助成してきました。

　この他にも、国や都、首都高速道路株式会社、学識経験者と連携して、「大気浄化技術評価委員会」を設置して対策に取り組んでいます。また学校の塀に光触媒を塗り、大気汚染物質の分解を試みたり、大型の換気設備による大気の循環や土壌浄化施設による大気の浄化などに取り組んでいます。さらに、大和町交差点の角地を国と東京都に買い取ってもらい、2005（平成17）年度にオープンスペース化しました。これにより、特に北西風が吹く冬場にも二酸化窒素の大気汚染の改善が確認されています。今後も、さらなるオープンスペース化のための整備を行っていきたいと考えています（写真1-1）。

　次に、湧水保全の取り組みについては、板橋区では、2006

写真1-1　大和町交差点での取り組み（左上より、大型換気施設、土壌浄化施設。左下の角地をオープンスペース化して、右下に光触媒を塗布したブロックを設置し、「YUMEパーク・大和町」をつくった）

　(平成18) 年12月に「地下水及び湧水を保全する条例」を制定しました。これは、一定量以上の地下水利用者に対し、地下水位や地盤沈下の状況報告を義務づけ、命令違反者には罰金を課すという規定を盛り込んだもので、全国でも例がありません。またこの条例に基づき、「地下水及び湧水保全検討会」を経て湧水保全地域を指定、2008 (平成20) 年3月31日に2カ所指定をしています。この他にも、板橋区内には湧水の名所があります。また、ホタルの飼育施設、熱帯環境植物館もあります。これらを通じて、区民に板橋区の自然を守り育てることを考える機会にしてもらえればと考えています。

　また1995 (平成7) 年には、環境教育の拠点としてのエコポリスセンターを開設して、環境情報の発信、普及・啓発を中心に活動をしています。エコポリスセンターの役割の一つとして、環境学習の場を提供することがあげられます。その一環として、1997 (平成9) 年から1999 (平成11) 年にかけて、

区立の小学校、中学校とエコポリスセンターをインターネットでつなぎ、「環境教育ネットワーク」を構築しました。この取り組みについては、教育部門と環境行政部門が連携して、環境教育に取り組む全国初の取り組みとして、1998（平成10）年12月に、環境庁（現環境省）長官から「地球温暖化防止活動大臣表彰」を受賞しました。

　また、2007（平成19）年2月には、環境教育を計画的、効果的に進めるため、「板橋区環境教育推進プラン」を策定しました。そして、このプランに基づく環境教育を推進するためのカリキュラムを策定しました。これは小中一環カリキュラムでもあり、ESD（持続可能な開発のための教育）の考えに基づいた、他に類を見ないものです。ちなみに、平成9年には、当時のアメリカ副大統領のゴア氏から、この環境教育ネットワークの構築に対し、お祝いの手紙をいただいたこともあります。今後は、こうした環境教育活動を区が直接実施するだけではなく、エコポリスセンターが中心となり、区民、団体、企業との連携を促進させるためのコーディネート機能を強化するとともに、環境教育に関する行政内部の連携強化を進めていくことが重要であると考えています。

　この他の取り組みとしては、平成11年2月17日に、自治体として都内では初めてのISO14001の認証を取得しました。さらに2001（平成13）年12月には、区立小中学校、幼稚園に登録範囲を拡大し、現在も環境マネジメントシステムに基づいた行動を取っています。このような環境施策を進めるに当たり、平成11年に「板橋区環境基本計画（第一次）」を策定、現在は、2009（平成21）年3月に策定された「板橋区環境基本計画（第

二次)」に基づき施策を進行しています。

ガラス瓶を新素材とした ゼロエミッションの取り組み

次に、ゼロエミッションに関する板橋区の取り組みについては、環境基本計画の望ましい環境像の一つとして、「循環型社会を実現するまち」を掲げています。その取り組みの一つとして、自治体が回収したガラス瓶を新素材とした、付加価値の高い製品づくりとマーケットの構築を目指しています。そのためには、民間の協力なくして目的達成は難しいことから、平成11年に官民協動のプロジェクトチームを立ち上げました。図1-1のような流れの中で、板橋区では、リサイクルに対する考え方を、入り口重視から出口重視に改めました。これは、回収して中間業者に引き渡せば完了という今までの考え方から、出口、すなわち製品化までを確立し、初めて真の循環型社会が成立する、という考え方に基づいたものです。

このチームのスキームについては、①の官庁である板橋区

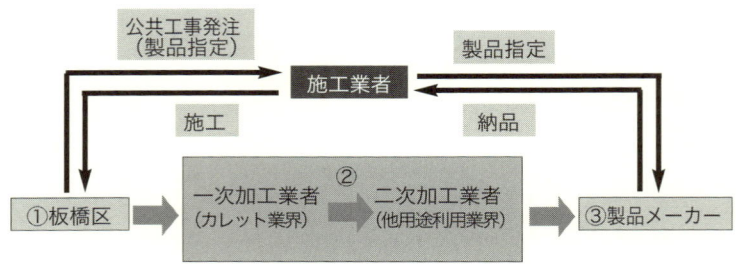

※マニフェスト発行により発注自治体の廃ガラス使用を証明

図1-1　板橋区ガラスリサイクルのプロジェクトチーム・フレーム図

は、区内で回収したガラス瓶を、中間業者である②の加工業者に引き取りを依頼します。この②の部分は、チーム内のメンバーである東京硝子原料問屋協同組合が受け持っています。ここでは、カレットの品質向上と安定供給体制の確保に努めています。

　次に、チームのメンバーである③の道路会社、塗装会社、ブロック会社などの製造メーカーが、付加価値のある安全な製品の開発を目指します。そこで出来上がったリサイクル製品を板橋区が公共工事に率先的に利用しています。この取り組みでは、区はチームに対して経費は一切予算計上していません。また、チーム各社から私ども区に対しても一切経費はかかりません。チーム一同、製品の企画から開発までボランティアで行っている組織です。ただし、後述する開発製品の「ワインブロック」については、商品登録をしているので、1平方メートルの施工に対し20円が、開発会社と板橋区にそれぞれ入ることとなっています。

　チームには、二つのコンセプトがあります。一つは、リサイクル製品でも、価格面では同等、あるいはそれ以下であること。二つ目は、他の素材にはない強度や美しさを持った、ガラス特有の価値があること。このようなコンセプトのもとに、さまざまな製品を開発しています。また、区内の商店街と連携し、チーム開発商品によるガラスの街を誕生させることができました。

　チームでは、2008（平成20）年、従来の透水性ワインブロックとは異なるガラス入りの保水性ワインブロックを開発しました（写真1-2）。区内で試験施工をした結果、アスファルトコ

写真1-2 保水性ワインブロック

ンクリートに比べて路面温度が最高14.8℃低いことが判明し、都市のヒートアイランド現象にも大きな効果があると考えられています。今後は、廃ガラスに特化するだけではなく、他の資源でも同様な取り組みを展開しながら、現在のマーケットを拡大し、製品の低価格化を図ることを目標に掲げています。そのためには、他の自治体とネットワーク化することによりリサイクル事業のさらなる発展を目指していきたいと考えています。おかげさまで、このような取り組みに対しても各方面からたくさんの賞をいただきました。

「緑のカーテン」の普及

板橋区が、区民と一体となって力を入れている取り組みとしては、緑のカーテンの普及があります。この緑のカーテンは、ヘチマ、ゴーヤ、アサガオなどつる性の植物を窓の外に這わせて、夏の強い日差しを和らげ、室温の上昇を抑える自然のカーテンです。

緑のカーテン効果については、すだれと緑のカーテンに熱い光を当て、その表面温度を実際に測定

写真1-3 緑のカーテン

したところ、すだれでは表面温度が40℃だったのに対して、緑のカーテンでは24℃に保たれ、相当の効果があったと確認されています。板橋区の本庁舎でも設置していますが、設置していない場所との温度差は、最大で11℃もあったと確認されています。

この緑のカーテンの取り組みは、2003（平成15）年、一人の小学校の先生が提案し、地域の方々の協力のもとで学校で実践したことから始まりました。区内には76校の小中学校がありますが、現在33校が導入しており、今後は全校に拡大していきたいと考えています。この取り組みは、区民にも広がっており、「はすねロータス商店会」など区内の各地においては町ぐるみで緑のカーテンの設置に取り組んでいます。

2009（平成21）年4月には、「第2回全国緑のカーテンフォーラム」を板橋区で盛大に開催しました。第1回開催地の沖縄県の翁長那覇市長をはじめ、門川京都市長ほか全国30以上の地域・団体からご参加をいただき、区民と合わせて約1,500名の方が参集しました。

さらに、これまでの取り組みに対して、2009年6月14日から18日まで、カナダのエドモントン市で開催された「ICLEI（持続可能性を目指す自治体協議会）世界大会2009」に招かれて、当区の職員が緑のカーテンの普及・啓発について発表の機会をいただきました。緑のカーテンは、楽しみながら手軽に取り組める温暖化対策として、今後も多くの方に広め、全国に発信していきたいと考えています。

今後の取り組みと抱負
——CO_2ゼロエミッションにチャレンジ

　最後に、今後の板橋区の「望ましい環境像」の実現に向けた取り組みと抱負については、2009年3月に板橋区環境基本計画（第二次）を策定し、その中で「5つの望ましい環境像」を設定しました。その第1番目は、「低炭素社会を実現するまち」です。そのためには、環境に優しいライフスタイルを啓発するとともに、太陽光発電等、新エネルギー、省エネルギー機器の普及・拡大にも積極的に取り組みながら、家庭部門のCO_2削減に挑戦していきたいと思います。

　また、業務部門や産業部門対策としては、板橋区には中小企業が多くありますが、東京都が行う排出量取引制度と、板橋区オリジナルの簡易版の環境マネジメントシステムである「板橋エコアクション」が連携をした取り組みを進めることで、事業部門のCO_2削減を図っていきたいと考えています。

　ポスト京都議定書の枠組みが議論された2009年12月の「COP15」（コペンハーゲンサミット）において、わが国は2020年までに温室効果ガス排出量を1990年比25％削減目標を掲げて臨みました。板橋区としても、廃棄物のゼロエミッションだけではなく、化石燃料の廃棄物であるCO_2削減に向けた新たな「CO_2ゼロエミッション」にチャレンジしていきたいと考えています。

低炭素な
環境文化都市づくり

渡邉嘉蔵 (飯田市副市長)

はじめに

　飯田市は、長野県の南端に位置し、南アルプスと中央アルプスに挟まれた、通称「伊那谷」と言われる場所にあります。現在、東京新宿から高速バスで約4時間、名古屋から2時間の距離にありますが、歴史的には古代律令制下の東山道が通り、東西交通の要衝として栄えた土地柄で、大和朝廷の馬の休憩地の一つであったとも言われています。

　また、東西文化の交流によってもたらされたさまざまな民俗芸能等が、今日まで伝承されており、豊かな地域文化を形づくっている所です。現在の人口は約10万6,000人、面積約659平方キロメートル、市の84％が森林に囲まれています。少子高齢化の進展に加え、当地域には四年制の大学がないことから、大学進学等で県外へ転出した若者のUターン率が低いこともあり、ここ10年ほどで人口が約5,000人ほど減少し、人口問題が当市の重要課題の一つとなっています。

　気候的には、内陸の盆地ということで、夏は暑く、冬は降雪量こそ少ないものの、結構寒い所です。もともと四季折々の風情が非常に美しい場所ですが、昨今は当地でも雨の降り方や気温の移ろいが変わってきて、四季の変化に違和感を覚

えるようになりつつあり、身をもって環境問題を感じているところです。

　飯田市はその昔、小京都の一つに数えられていた城下町ですが、1947（昭和22）年4月、春先のお花見の時期に、中心市街地のほとんどが焼失した大火があり、貴重な伝統文化等もその時に消失してしまいました。その後の火災復興の都市計画により、町はよみがえりますが、その際に、防火帯が置かれ、東西南北に22メートルの道路を交差するように整備しました。1953（昭和28）年、その中央分離帯に中学生たちが植えたりんごの並木が、半世紀を経た今もなお実をつけ色づき、市のシンボルとして市民に親しまれています。

　また、市の代表的なイベントはいろいろありますが、中でも「いいだ人形劇フェスタ」は、取り組んで30年ほどになります。毎年8月の第1木曜日から4日間の日程で行いますが、今日では、日本最大の人形劇の祭典と言われ、国内外から多くの皆さんに訪れていただいています。

飯田市の環境施策の概要

1）1996（平成8）年、「第4次基本構想・基本計画」がスタート

　減少する人口に対処するために、幾つかの政策があります。飯田市には四年制の大学がありませんので、市と周辺の町村をフィールドとして、飯田版「インター大学」を展開しています。これは、いわゆるインターカレッジのように、さまざまな大学の学生が集い、地域政策等について学習し、切磋琢磨してもらう大学です。所属する大学の単位等にも位置づけ

ていただく取り組みも進めています。まだ始めたばかりですが、2008年度は4大学6学科、2009年度は6大学7学科の学生の皆さんに、夏場を中心にした集中講義に参加いただいています。

　それから、2008年度、あるいは2009年度に入ってからですが、国では総務省が中心になって、「定住自立圏構想」を推進しています。これは、日常生活圏の地域の中心市と周辺の市町村とが、お互いに協定（定住自立圏形成協定）等を結びながら総合的な地域づくりをしていく仕組みです。当地域でも、中心の飯田市と中山間地域を多く抱える周辺の14の町村とが、全体として一つの日常生活圏を維持していくために、個別に協定を結びながらいろいろな事業に取り組み、地域全体としての持続可能性、あるいは自立度を高めていこうとしています。飯田市は、この定住自立圏構想の先行実施団体の一つに選ばれ、モデル的な取り組みを行っています。

　このような飯田市ですが、環境問題に積極的に取り組み始めたのは、1996（平成8）年度にスタートした「第4次基本構想・基本計画」に、目指す都市像として「環境文化都市」を掲げたことに始まります。

　当時、環境については、特に大きな課題はなかったと思いますが、環境を主要なテーマに掲げてまちづくりを進めていこうとする当市のような動きは、全国的にも比較的少なかったと思います。そうした中で、なぜ当市が環境をテーマに取り上げたかと言えば、1992年にブラジルのリオで開催された「地球サミット」で「アジェンダ21」が採択されたことや、1993（平成5）年に「環境基本法」が制定されたことなどに触発されたからだと思います。

この基本構想・基本計画の策定に当たっては、職員を中心にプロジェクトを組み、いろいろ勉強会を重ねるうちに、将来を考える上で最も重要なテーマとして環境を取り上げていくことを決めたと記憶しています。

2）1996（平成8）年から2004（平成16）年までの取り組み

　平成8年4月に、基本構想・基本計画がスタートしましたが、同年12月には、環境問題への取り組みの方向や目標等を整理した「21いいだ環境プラン」という行動計画を策定し、翌1997（平成9）年3月には、市独自で「環境基本条例」等を制定しながら、取り組みを始めました。こうして、具体的な事業が動き出し、今日までずっといろいろな活動につながっている重要な仕組みや組織ができたと思います。

　では、今日までどんなことに取り組んできたか、ざっとご紹介させていただきます。

　まず、「地域ぐるみ環境ISO研究会」が発足し、ISO14001の取得などに関する活動が始まりました。また、市民から「環境アドバイザー」を募り、環境保全や環境改善の活動を始めました。

　具体的な事業としては、住宅用太陽光発電装置の設置への助成等を行っています。ちなみに、当市には太陽光パネルの製造工場として、国内では重要拠点の一つである三菱電機の工場があり、今も大変な設備投資等をしていただいています。そのようなこともあって、太陽光発電については、将来にわたって当市の環境政策の柱の一つと考えています。

　また、当市は市全体の84％が森林です。環境政策のもう一つ

の柱に、この森林から伐り出される木の利活用を掲げています。そのようなこともあり、当初から、子どもたちには森林に親しんでもらおうと、学校林（学友林）の整備なども行っています。

　さらに、1998（平成10）年から飯田市役所の本庁舎でISO14001の運用を始め、翌年、認証を取得しました。そして、ペットボトル（ペレットにして原料にする）の回収、ごみ処理の有料化にも取り組み始めました。

　2001（平成13）年、先述した「地域ぐるみ環境ISO研究会」が独自に考案し制定した、ISO14001の地域バージョンとも言うべき「南信州いいむす21」という仕組みを、地域の事業所で運用し始めました。2003（平成15）年には、NPO法人「南信州おひさま進歩」が設立され、2005（平成17）年から、飯田市内はもとより全国からも多くの皆さんに出資していただいて、「おひさまファンド」を始め、太陽光発電の普及等に努めています。

　この時期に、当市はいろいろな表彰等をいただきました。平成13年、りんご並木が「かおり風景百選」に選定されたのを皮切りに、「地球温暖化防止活動環境大臣表彰」とか、地域ぐるみISO研究会が「地球環境大賞」受賞などをしています。また、2004（平成16）年には、「第12回環境自治体会議いいだ会議」を開催しました。

3）「環境モデル都市」の取り組み

　2008年度に「環境モデル都市」の認定を受け、2009年度から具体的に幾つかのリーディング事業に取り組んでいます。そ

写真2-1　LED防犯灯

の事業の一つに、写真2-1のLED防犯灯設置があります。これは市内の企業が共同で、LED防犯灯（2タイプ）を開発したもので、2009年度内に、市内にある防犯灯のうち約3,000基をこのLED防犯灯に変える予定です。値段は1基2万円を切って、一般のものより非常に安価です。関心のある方は、ぜひ私どもにお問い合わせをいただき、お使いいただければと思います

事業所から地域への「ぐるみ運動」

　ざっとご紹介させていただいた、いろいろな取り組みは、当然ながらひとり行政だけでできるものではありません。図2-1にあるように、多様な主体との協働事業として進めています。当市の場合は、むしろ行政が黒子としての役割を担い、NPOや企業、市民のさまざまなグループ、団体等々によって、い

図2-1　多様な主体による協働

ろいろなことが行われているのが特徴だと思っています。

　先述した「南信州おひさま進歩」というNPOは、現在、「おひさま進歩エネルギー株式会社」に組織を拡充して、Iターン等で故郷に戻ってきた若い方たちにも会社の運営、経営に携わってもらいながら、太陽光市民共同発電で新エネルギー市場の創設、拡大に努めています。また、市民レベルでも、市民個々の取り組みはもちろんですが、「地球温暖化対策地域協議会」が設立されて、レジ袋の辞退運動等を始めたり、もろもろの活動に取り組んでいます。

　そのような協働で事を進めている団体の一つに、先述した「地域ぐるみ環境ISO研究会」があります。この研究会は、市がエコタウン事業に取り組んだ時にサロンをつくり、そこに集まった6事業所が核になって始められたものです。飯田市も一事業所として参画していますが、今では31の事業所が参加するまでに発展しています。

　この研究会は、地域内ではISOの地域登録認証機関のような役割を持って、独自に初級から幾つかのステップを設定して、身の丈に合ったやり方で環境問題への取り組み、低炭素化を進めていこうとしています。参加する事業所数もどんどん増え、最初は事業所という「点」から始まり、それを地域という「面」に広げ、事業所ぐるみから地域ぐるみへと活動を広げようとしています。2009年6月の「環境の日」には、市内120の事業所が参加して、エコドライブ、ライトダウン等々の運動に取り組みました。

　当市の環境モデル都市の取り組みについては、図2-2のように、「おひさま」と「もり」のエネルギーによって低炭素なま

低炭素な環境文化都市づくり

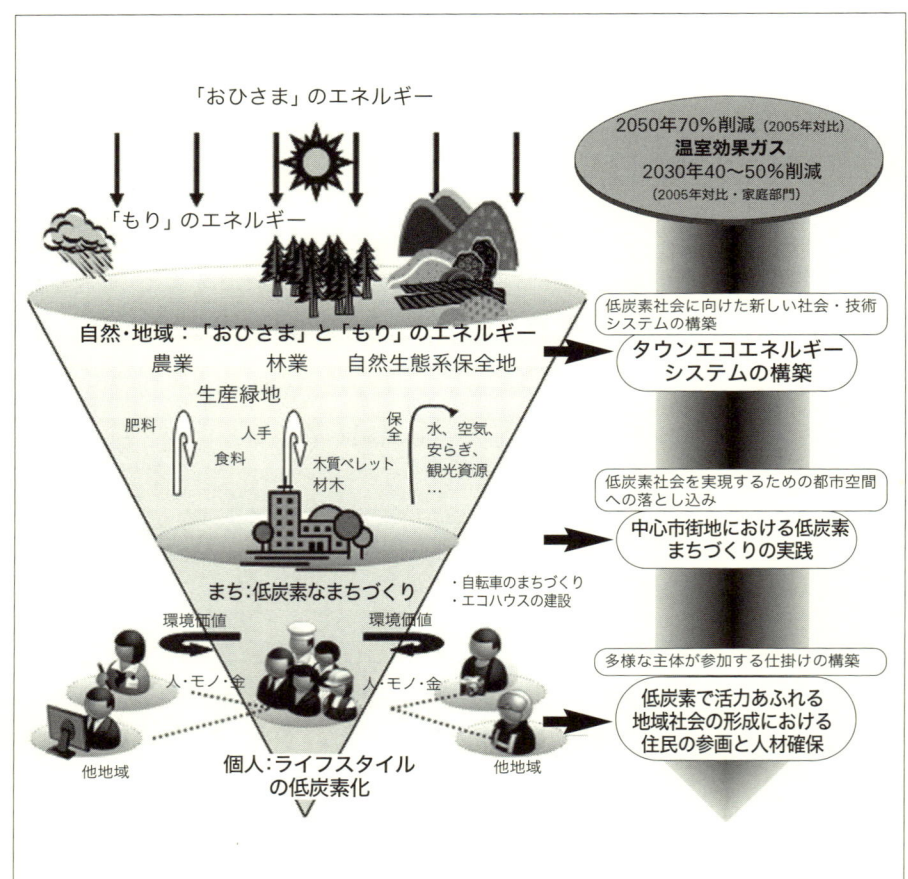

図2-2 環境モデル都市の取り組み

ちをつくり、個人のライフスタイルを低炭素化していこうと取り組んでいます。中心市街地の「低炭素まちづくりの実践」ということで、「タウンエコエネルギーシステム」の構築とか、「エコハウス」の建設といった実験的なものにも取り組もうとしています。

こうした取り組みの他に、土地利用の見直しとか、中山間地が多く自家用車に移動の手段を依存している割合が高い地域の交通の見直しによるバスなどの公共交通の再活性化、あ

るいは景観の問題等々、より広い範囲から直接、間接に環境問題の解決に取り組もうとしています。

　このような取り組みを通じて、持続可能な、低炭素な地域社会を目指し、地域の潜在能力を高め、生かしながら、人材や技術、資源を還流させ「環境文化都市」を実現しようとしています。1996（平成8）年以来、十数年取り組んできていますので、中だるみとは言えませんが、若干いろいろ反省事項等も出てきています。改めてそんな点を集約しながら、取り組みを強化していこうとしているところです。

環境技術の移転を通じた国際貢献に向けて

伊藤和良（川崎市経済労働局産業振興部長）

「産業観光」を通じて川崎の魅力を再発見する——自らの「光を観る」

　少し、違った切り口から話を始めたいと思います。

　長らく公害の街として、日本中にその名前をとどろかせた川崎は今、「産業観光」で大変話題になっています。新聞紙面等でも紹介されてご存じかもしれませんが、川崎臨海部を対象にした「工場夜景ツアー」が頻回に行われています。ものづくりの現場を訪ねるとか、環境技術の最先端のものを知りたいとか、いろいろな形で、産業観光に多くの市民の関心が向いてきています。

　「萌えー」という言葉があります。秋葉原の「萌えー」と同じように、「工場萌えー」というのが流行になっています。私たちの世代からすると、工場を見たら、これまでの公害の歴史や、どんな生産活動をし製品は何かなど、いろいろ思うわけですが、今の若い人たちや「ガンダム世代」は、公害とかそういった類のことは捨象して、工場の立地する臨海部は何か非日常的な、異質な空間で格好いいとか、クールとか、どうも今までとは違うものとして評価しているようです。最近では、「工場観賞家」という人たちも増えてきて、工場の夜景

を評論し、京浜工業地帯の中核である川崎の夜景は天下一品だと、話をされる場面も随分と増えてきています。

2008年から、私たちは工場夜景ツアーとして、川崎の臨海部を見るツアーをモデル的に行ってきましたが、いつも大変に人気があり、例えば、2009年11月28日の工場夜景ツアーでは、45名の定員に対して767名が応募するなど、人気の高さに驚かされたものです。2009年からは、近畿ツーリストやJTBと組んで、工場夜景ツアーなどを7回実施していますが、こういうツアーが実現可能なのも、東亜石油や東燃ゼネラルや昭和電工など、現場の工場長をはじめ、さまざまな方々との信頼関係があってのことだと、改めて感謝申し上げる次第です。

もともと工場は、ツアー客を受け入れるような場所ではないので、けが人が出たらどうするかなど、いろいろな課題もあります。その反面、各企業の側からすれば、市民に川崎臨海部の工場のすばらしさや、首都圏の近くで生産活動を続ける意味を知ってもらえるいい機会ととらえて、ツアーを認めていただいている面もあります。写真3-1は、東燃ゼネラルですが、工場夜景は確かに美しい。こうした試みを続けているうちに、「観光不毛の地」と言われた川崎は、2008年9月に（財）日本観光協会から「まちづくり大賞」を受賞

写真3-1　工場夜景ツアー（東燃ゼネラル工場）

するまでに至りました。時代は大きく変わってきています。

　私たちは、こうした工場夜景ツアーを取り組むに当たって、何度も「観光」とは何かを議論し、何度も何度も言葉の意味を考えました。「観光」とは何でしょうか。それは、文字通り「光を観る」ということで、語源は、中国の儒教の五経の一つ「易経」の中にあります。「光を観る」とは何でしょうか。それは、その地域が放つ光を自分たちが見つけ出していく、そのことに他なりません。

　「観光不毛の地の川崎」と、初めからあきらめるのではなく、地域の中で光り輝くものは何か、それを尋ねることが「観光」であり、私たちは今、産業観光を通じて、自分たちの地域をもう一度見直し、再発見し、自分たちが放っている光を見定めようとしています。

　かつて、公害を生んだ京浜工業地帯、その中にこそ川崎の魅力が凝縮しており、当市が世界に対して、他の自治体に対して、胸を張って訴えるべきものがたくさんあるのではないか。その扉を開き、これまでとは違った道が見え始めた時に、新たな展開が始まったのです。

「エコタウン構想」の原点——自らの優れたものを磨き上げ、他に貢献する

　そういう意味で、私どもは、「川崎臨海部の光と影」——公害問題で苦しみ、それを乗り越えてきた、この街の歴史をもう一度見つめ直しています。そこにこそ、この川崎の街を力強く発展させる原動力があるのだと思います。

川崎は、東京と横浜という瀟洒な街の狭間にあって常に比較されてきました。また、50年代から70年代にかけて、公害問題を引き起こしたことで、灰色の煙がモクモク漂う公害の街のイメージが日本中に伝播し、そのイメージは未だに消えていません。私どもは、そのような川崎のイメージをどう変えるか。さまざまに悩み、苦しみ、そのために努力し、そうした苦悩と困惑の中から、ようやく今に至っているような気がしています。

　事実、川崎市はこれまで、公害問題を克服するためのさまざまな努力をしてきました。高度成長期に日本経済を引っ張ってきたがゆえに、公害問題に苦しみ、そうした中から、市民と企業と行政が一緒になり、共にそれを乗り越える努力を続ける中で、いろいろな環境技術を生み出してきました。「エコタウン構想」もそういった苦しみの歴史の中から生まれてきたのだろうと思います。

　国連大学ブックレットシリーズの『川崎エコタウン』（小社刊）の中で、阿部孝夫市長が、加藤三郎氏（川崎市国際環境施策参与）との対談の中で次のように話している箇所があります。「地域の振興とは、自らの地域の価値を認識し、その地域に残っているもっとも優れたものを磨き上げ、他に対して貢献すること、そうした地域のみが発展する」。

　中国をはじめとしてアジア諸国・地域から、川崎臨海部の視察に来られた方たちとお話しをしていると、環境分野でさまざまな問題を抱えていることがわかります。川崎がかつて経験した環境汚染と同じような状況が、同じような問題が、アジアのあちこちで生まれているのです。私どもは、市長の

言葉にもあるように、これまで培ってきた川崎の力をベースにしながら、それをもとにして国際貢献をしようと考えています。自分たちの持っている力を見定めて、他に対して貢献すれば、そのことがまさに川崎市の発展につながると考えているからです。

「工都百年」を貫く川崎市のDNAとは？

1）研究開発都市への転換

　この5年間ぐらいの動きだけでも、東芝、富士通、NEC、パイオニア、キヤノンなどの主な企業の出先研究機関が、ここ川崎市にぞくぞくと立地を続けています。その結果、今では200以上の企業の研究機関・研究所が進出し、ここで働く企業の全従業者数に占める研究従業者数の割合は、政令指定市の中でトップとなっています。それほど多くの企業の研究者が働いている川崎市は、かつての重厚長大型の産業構造から大きく転換して、研究開発型の都市として今に至っています。

　その意味で、「工都百年」の歴史を貫く川崎市のDNAには、時代の閉塞感を打ち破り、新たな時代を築く骨太のバイタリティがあります。浅野財閥の創始者、浅野総一郎が埋め立てた川崎の臨海部、それを引き継ぐ歴史の中で一時代をつくってきた産業構造は大きく変わってきたのです。そうです、変わっていかなければ生き残れない、工業都市としてのイノベーションの歴史です。一時、京浜工業地帯では、製造業の空洞化が叫ばれましたが、「今は昔の物語」で、臨海部は研究開発型産業の集積が続いています。

東芝・富士通・NECの研究所			
メーカー	名称・拠点	開発内容	従業員数
東芝	研究開発センター（小向）	東芝の中央研究所	1,210
	マイクロエレクトロニクスセンター	半導体の中核研究拠点	2,877
	柳町工場はキヤノン研究開発拠点(7,000人)、堀川町工場はラゾーナに転換。現在、小向工場に1,579人。浜川崎工場に906人		
富士通	川崎工場（武蔵中原）	通信・情報システム開発拠点	10,123
	富士通本社工場、各事業本部を統括する研究開発拠点。あきる野にロジックLSI基礎技術開発として1,960人など		
NEC	玉川事業所（向河原）	モバイルR&D	15,700
	研究所としては筑波に約350人、YRPに約350人、大津に約150人、生駒に約150人。川崎は突出している		

図3-1　大規模事業所が学術・研究開発機関に大転換した事例

　多くの工場は、その産業構造を転換して今に至っていますが、例えば川崎には、1991年当時、5,000人以上の事業所が三つあり、東芝、富士通、NECの組み立て工場のラインがありました。それが2001年には、これらの工場がすべてなくなっていき、突然、研究開発型の企業が姿を現してきます（図3-1）。

　工業統計からは、製造品出荷額が急落したとしか読むことができません。ですが、地域の変動を兼ね合わせて、丹念に経緯を追うことで、この地域での産業構造の大転換、世界的な産業再編の一端が明確となります。例えば、NECの玉川事業所、ここでは、かつて電話交換器をつくっていた組み立てラインがありましたが、研究機関に変貌しています。今では、1万5,000人以上の研究者がここで働いています。研究開発都市への展開は、70年代、公害問題の改善が始まる直後から、日本の産業の空洞化が叫ばれている時代を経て、ずっと今に至っています。

産業史を紐解けば、本市は1981年の「産業構造・雇用問題懇談会」の提言をもとに、「マイコンシティー構想」や「産業振興会館」の整備など、研究開発型都市の方向性を描いて大きな歩みを始めました。当時の長洲神奈川県知事が打ち出した「地方の時代」や「頭脳センター構想」などと相まって、今に至っています。

　現在、川崎市には三つの「サイエンスパーク」があります。これは、80年当時の一つの夢の結実とも思えます。日本最大級のサイエンスパークの「かながわサイエンスパーク」（KSP）、慶應大学とともにつくり上げた「新川崎・創造のもり」（KBIC,K2）、三つ目が、JFEの「テクノハブイノベーション川崎」（THINK）です。三つのサイエンスパークでは、新たなイノベーション（技術革新）、インキュベーション（企業育成）が行われています。

2)「エコタウン構想」の実現に向けて

　そのような歩みを続ける中で、母なる川「多摩川」に沿って生まれた川崎市は、イノベーションあふれる地域として、次から次へと新たな産業を生み出していく地域の創造を目指しています。

　1997年の「エコタウン構想」は、そうした本市にとっての大変大きな転換点であり、大きな契機でした。「エコタウン構想」は、公害問題の克服に向けて努力を傾注してきた、そうした歴史をもとにつくりあげたものです。70年代、煙モクモクの時代があって、ふとんを干しておくと真っ黒になってしまうような状況にありました。たくさんの市民が、大気汚染で苦し

み、亡くなったり傷ついたりしてきました。今でも、その時の病に苦しんでいる方たちがおります。当時、NOx（窒素酸化物）、SOx（硫黄酸化物）ともに高いレベルにあったものを、市民、行政、企業が一緒になって公害を克服する努力をしてきました。そうした経験を経て、今の川崎臨海部の環境技術の集積が生まれた。そうした歴史を、私どもは忘れるわけにはいきません。

　1997年、当時の通産省（現・経済産業省）が、エコタウンを政策として掲げた時に、本市は北九州市などと共に真っ先に手を挙げ、「エコタウン構想」を策定し、承認を得ました。本市が承認を求めたのは、2,800ヘクタールに及ぶ、川崎臨海部のすべてについてでした。それは、公害問題で苦しんだこの地域全体をエコタウンとしてよみがえらせよう、資源循環、リサイクル、ゼロエミッションをベースにして新しい街をつくろう、という強い決意から出たものです。

　その後、国から多くの補助金等もいただきながらいくつものプラントが立地されていきます。その中で、「川崎ゼロ・エミッション工業団地」は、先導的モデルとして創設したものであり、地域社会へ、全国へと、本市のまちづくりの新たな方向性を示したものです。

　資源リサイクル施設の一覧は、図3-2にあるとおりですが、この間いろいろな展開を図ってきました。JFEは、使用済みのプラスチックをベースにコンクリートの型枠ボード（NFボード）をつくっています。2008年5月9日、中国の胡錦濤国家主席がここを視察されましたが、この時の模様が中国のテレビで放映されたことを契機に、中国をはじめアジア・アフリカ諸

廃プラスチック高炉原料化施設 2000年～	廃プラスチック処理量 25,000 t／年	JFE環境（株）
家電リサイクル施設 2001年～	使用済家電製品処理量 40～50万台／年	JFEアーバンリサイクル（株）
廃プラスチック製コンクリート型枠用パネル製造施設 2002年～	廃プラスチック処理量 20,000 t／年	JFE環境（株）
廃プラスチックアンモニア原料化施設 2003年～	廃プラスチック処理量 65,000 t／年 アンモニア生産量58,000 t／年	昭和電工（株）
難再生古紙リサイクル施設 2002年～	古紙処理量81,000 t／年 トイレット・ティッシュペーパー生産量54,000 t／年	三栄レギュレーター（株）
PET to PET リサイクル施設 2004年～	廃ペットボトル処理量27,500 t／年 ペットボトル用樹脂生産量 22,300 t／年	ペットリファインテクノロジー（株）

※ これら以外にも、以下の企業でリサイクルを実施
● セメント製造施設（株式会社デイ・シイ）⇒産業廃棄物を燃料や資材として活用
● 非鉄金属製品製造施設（株式会社YAKIN川崎）⇒ステンレス廃材を高炉に配合し、原料として活用

図3-2　資源リサイクル施設の一覧

国から、本当に多くの方が川崎臨海部の視察に訪れるようになりました。

　昭和電工は、使用済みプラスチックを使ってアンモニアをつくるプラントを持っています。川崎ゼロ・エミッション工業団地の中核的な存在である三栄レギュレーターは、難再生古紙（色物、ラミネート紙など）からトイレットペーパーをつくっています。通常、紙は水がきれいなところでつくりますが、このトイレットペーパーは、家庭から出た下水道の水を再生し、また、都市にある紙ごみ、難再生古紙等を使ってトイレットペーパーをつくっています。まさに、「資源は都市にあり」の実践例です。

　ペットリファインテクノロジーは、使用済みのペットボ

ルからペットボトルをつくっています。資源であるリサイクルペットボトルが高騰してビジネスモデルが崩壊し、プラントを最初につくったペットリバースという当時の会社は倒産しましたが、その後、東洋製罐が子会社として同社をつくり、かけがえのないリサイクル技術が継承されています。プラントの創設から操業、民事再生や倒産というさまざまな困難に直面し、その都度、担当の一人として心を砕いてきましたが、今も操業が続いていることは、涙が出るくらい嬉しく思います。東洋製罐には、この場を借りて深く御礼申し上げます。

「エコタウン構想」の最終ステージ

　エコタウン構想は、四つのステージを持っています。第一段階は、企業自身が環境との調和を図る、環境技術や省エネ技術を持つことであり、第二段階は、そうした企業が群となり地域全体として、環境との調和を図っていくことです。第三段階は、そうした知見や経験を蓄えることであり、第四段階である「最終ステージ」は、この地域の優れた環境技術をベースに、中国を初めアジアなど、これから発展していく国々に貢献する、というものです。川崎市は、さまざまな努力をし試行錯誤を経て、ようやく最終ステージにたどり着いたのです。

　こうした状況にある今の川崎臨海部は、「エコ・コンビナート」と呼ばれることがあります。また、それは「ポスト・エコタウン」という位置づけかもしれません。エコタウンは今、リサイクル技術の集積だけでなく、省エネ技術やCO_2を削減する

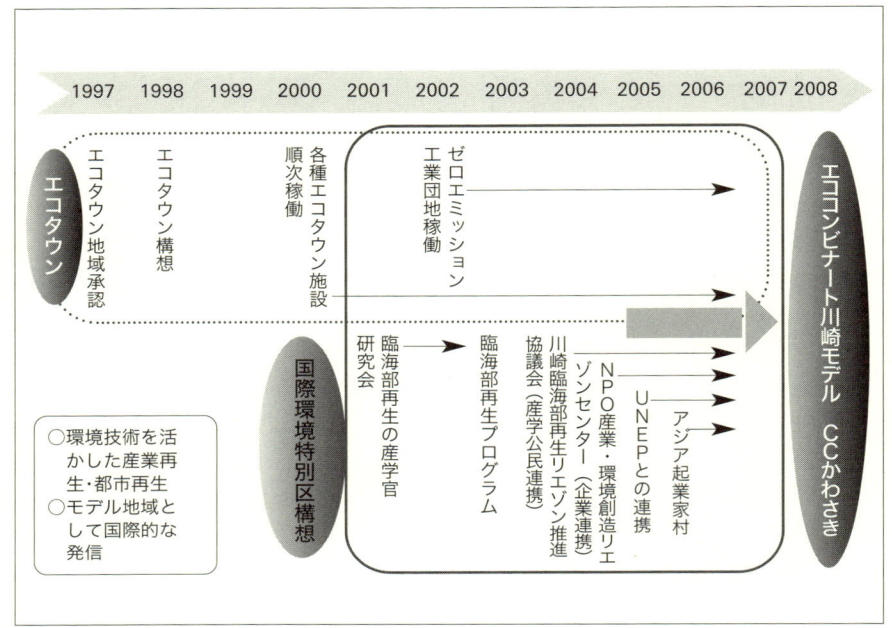

図3-3 川崎市臨海部における環境への取り組み

技術など、さまざまな環境技術の集積地へと展開しています。

　図3-3は、それを年表的にまとめたものですが、エコタウンの承認を受けた後、ゼロエミッションの理念を追求し続けてきました。それに合わせて2001年には、阿部孝夫市長の「国際環境特別区構想」の理念に基づき、「エコ・コンビナート川崎」を目指した動きが始まりました。環境再生、産業再生、都市再生の三つの視点から、この臨海部をとらえていこうとするものです。

　そういう流れの中で、「カーボン・チャレンジ川崎エコ戦略」という、川崎の強みを生かして国際貢献をする、また市民と一緒になってエコにふさわしい地域をつくっていく、そんな取り組みをさまざまに展開しています。

　資源循環・リサイクルの企業群、プラント群に加えて、地

球環境・エネルギーの問題に関連して、今、臨海部では大きな動きがあります。例えば、東京電力は、日本最大級のソーラー発電を川崎の浮島地区および扇島地区等で展開しています。また、慶應大学のベンチャーをもとに創設されたエリーパワーは、レアメタルを必要としないリチウムイオン電池の生産を始め、他にもJFEなどが新たな環境技術の展開を図っています。

また、臨海部の千鳥町に立地する10の工場が、川崎スチームネットという新会社を創設し、東京電力の廃熱を利用し、パイプラインによる蒸気の供給を開始しました。年間の蒸気の供給量が約30万トン、省エネルギー効果が1.1万キロリットル（石油換算）、年間CO_2の排出削減2.5万トン（一般家庭約4,600世帯の年間排出量分に相当）と、環境技術を駆使してCO_2を削減する一つの事例です。このようなさまざまな技術集積が、川崎にはあります。

国際貢献──「知財戦略」を基調とした、アジアへの環境技術の移転

第四段階である「最終ステージ」で取り組む国際貢献ですが、柱となるのがアジア地域への環境の技術移転です。そのために本市は、知的財産に関するモラルが重要であり、環境技術移転の前提であると考え、2008年2月に「川崎市知的財産戦略」をまとめました。発展段階に応じて、必ずやどの地域でも、知的財産の創造、保護、活用の意味を理解するようになるはずであり、そうした信頼感こそが技術移転の前提だと

考えたからです。

　実際、本市はこの間、市内の中小企業へ、大企業の持つ開放特許の技術移転を進めてきました。富士通をはじめ、大企業が持っているさまざまな知的財産を地元の中小企業にお渡しする、その仲介役を担ってきました。例えば、初めて富士通の知財をマイコンシティの中に立地する中小企業へ技術移転するに当たっては、22回にわたって本市のコーディネーターが富士通に出向き、中小企業の現場を訪れ、両者で話し合いを持つ機会を仲介しながら、技術移転、知的財産の移転を果たしています。その応用編が、海外への環境技術の移転なのだと思います。

　このような流れの中で、2009年12月、香港で、知的財産の大切さを説明する「アジア知財フォーラム」を開催しました。また、同年2月に開催された第1回「国際環境技術展」や、2010年2月4日、5日に開かれた第2回目の国際環境技術展では、川崎臨海部にある企業群のすべての技術を、武蔵小杉にある「とどろきアリーナ」に一堂に集め、海外の人に見ていただきました。私どもは、UNIDO（国連工業開発機構）やJETRO（貿易振興機構）、JICA（国際協力機構）と共に手を携えながら環境技術の海外移転に向けた努力を続けています。

　私たちは今、戦後経済が迎える14回目の景気後退局面の中にありますが、いつの時代も川崎は常に前を向いて日本経済の牽引役を果たしてきたと認識しています。

　私たちの人生に照る日、曇る日があるように、都市の成長発展も試行錯誤の連続に他なりません。「光には必ず影があり、影があるからこそ光は美しい」のです。これからも川崎臨海

部の「光と影」の歴史に学び、公害問題に苦しみ、それを克服してきた川崎ならではのミッションとして、当時と同じような環境条件にある、アジアの国々へ、地域へと、環境技術の移転を通じた国際貢献を果たしていきたい、と念願しています。

国連大学ゼロエミッションフォーラム創立10周年記念シンポジウム

第2章
産業界の事例

はじめに
谷口正次（産業界ネットワーク代表・理事）

循環型社会から低炭素社会に向けて
尾花　博（太平洋セメント株式会社 戦略活用
　　　　　プロジェクト 部長）

リコーグループの環境経営活動
酒井　清（株式会社リコー 取締役 専務執行役員 CTO
　　　　　環境推進担当）

環境保全から環境創造の時代へ
金井　誠（大林組 専務取締役）

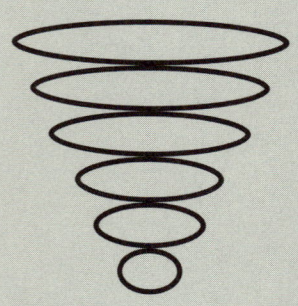

はじめに
ものづくりのパラダイムを変えるチャンス
谷口正次（産業界ネットワーク代表）

　20世紀のものづくりで得たものは、限りない便利さと欲望の充足です。20世紀に生み出された価値は、便利さだけとも言えましょう。その結果、20世紀は、物質と生命、技術革新と伝統、そして思想と感性の断絶の時代でした。

　21世紀のものづくりは、顕在化してきた資源と環境の制約のもと、物質と生命の調和、技術革新と伝統の協力、そして思想と感性の協働が必要です。20世紀の延長線上では持続することが不可能であることは明らかです。

　ほんとうに価値あるものは、物質文明の便利さではなく、サプライチェーン（供給連鎖）の最上流にある生命です。

　今日現在、いまだ変わらない川下の便利な製品の大量生産、大量消費、大量廃棄のために失われつつあるものが多くあります。

　命あふれた生物多様性、生態系を大切にする生命文明の時代を目指したものづくりこそ、真のゼロエミッションであり、真のCSR（企業の社会的責任）であると考えます。

　今こそ価値観を変え、ものづくりのパラダイムを変えることは、企業が世界でトップランナーになる戦略であると思います。今まさにチャンス到来の風を感じます。

循環型社会から
低炭素社会に向けて

尾花　博（太平洋セメント株式会社 戦略活用プロジェクト部長）

はじめに

　写真1-1は、セメントをつくる企業の社団法人セメント協会の2008年度ポスターです。私どもは、ごみを処理していることを前面に出して皆さんにアピールし、2009年度ポスターでは、下水汚泥の処理に貢献していると訴えています。セメントを皆さんへお届けするだけではなく、ごみを処理する社会的機能も持っていることを訴えているのです。

　歴史的に見ると、日本のセメント業界は循環型社会を担う前に、省エネルギーという形で、いかにエネルギーや資源を少なく使ってセメントをつくるかを実践してきました。次に、それをゼロエミッションという形と考え方に助けられながら産業を変えてきました。今日は、さらに最近の、低炭素社会へ向かっている様子をお話しします。

　日本では、皆さんの目につく所へはセメントがコンクリートになった状態で届くのではないかと思いますが、セメントをつくるのは、じつは石灰石の山の近くに設置した大きなプラントで行われており、それをサービスステーションへ船で運び備蓄します。

　サービスステーションでは、円筒形のタンクに備蓄します

写真1-1　セメント協会のポスター（2008）

が、1本当たりセメントが2万トン入る大きさのものもあり、数万トン溜めることが通常です。

　写真1-2は、東京湾の豊洲にある基地で、この後、生コンをつくって皆さんの手元へ届けるシステムになっています。

写真1-2　サービスステーション

　セメントの製造法を少しだけ紹介します。セメントになる前の半製品はクリンカーと言い、直径が約2〜3センチの、イチゴよりは小さいぐらいのごつごつした石ころみたいな塊(かたまり)です。これをつくるのは、ロータリーキルンという、直径が約5〜6メートル、長さが100メートルぐらいの鋼鉄製の円筒です。内部

ではバーナーで材料を約1,450～1,500℃まで熱し、非常にダイナミックな方法で1日数千トン生み出しています。

　クリンカーをスライスして顕微鏡で見ると、直径が30、40ミクロンぐらいのカルシウムが2または3個、シリカが1個から成る結晶が見えます。セメントをつくることは、こういう結晶の集合体をつくることなのです。このカルシウムは、石灰石を原材料とするのが一般的ですが、どんなカルシウムでも構いません。一時期、使われなくなった牛の骨や肉骨粉を使ったこともありますが、動物由来のカルシウムでも構いません。ともかく、結晶をつくることができれば、どのような出自の材料でも構いません。天然資源ではない材料をセメントの原材料にできる理由は、ここにあります。

　このクリンカーを砕き、粉状にしたものがセメントです。この粉は水と反応して水和反応が始まり、固まります。クリンカーをつくる時は、ロータリーキルン内部の温度を上げ過ぎるとガラス質になり、水和反応がなくなってしまうので、最適焼成温度でつくらなければ品質は保てません。

CO_2抑制技術はエネルギー消費量を下げる

1）効率のいい熱エネルギー消費

　図1-1は、1970年からのセメント1トンつくるのに熱量をどれぐらい使っているかというものですが、1973年に第1次オイルショックがありました。石油の消費量を減らすことが至上命令になり、各社いっせいに削減競争が始まり、業界全体が直線的に下げていきました。いろいろな投資も行い、技術開発

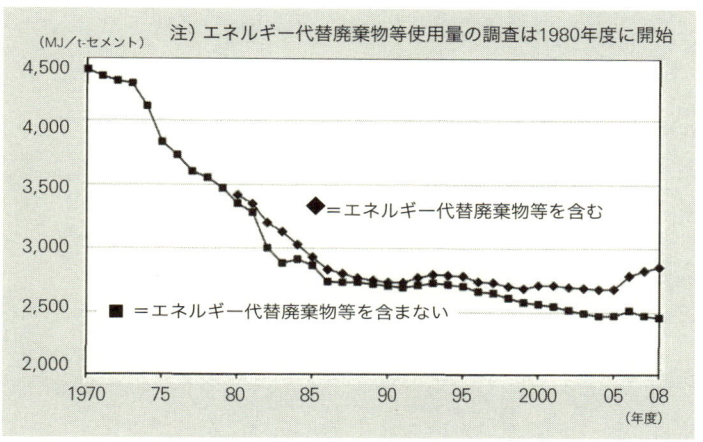

図1-1　セメント1トン当たりの使用熱量

を行いましたが、それも1990年ごろには行き着いてしまいました。これ以上は、なかなか下がらないレベルに到達しました。

　それで、85年ごろにセメントの果たす役割を変えようという動きが出始め、いわゆるゼロエミッションの萌芽がセメント業界に生まれました。通常のセメントのつくり方では、これ以上エネルギー消費を下げられないだろうと予想し、意図的に動き始めたものです。

　図1-2は、セメント1トン当たりの消費電力量ですが、オイルショック当時は重油を燃料に使っていました。この燃料を石炭に転換しましたので、石炭を粉砕するための機械が増え、一時電力使用量が増えています。その後は、開発や工夫をして、電気エネルギー消費量も下げることができました。最近、また少し上がりぎみです。

　これは、天然原材料の代わりに廃棄物を使うようになって、どうしても付帯設備をつけなければいけなくなった結果です。

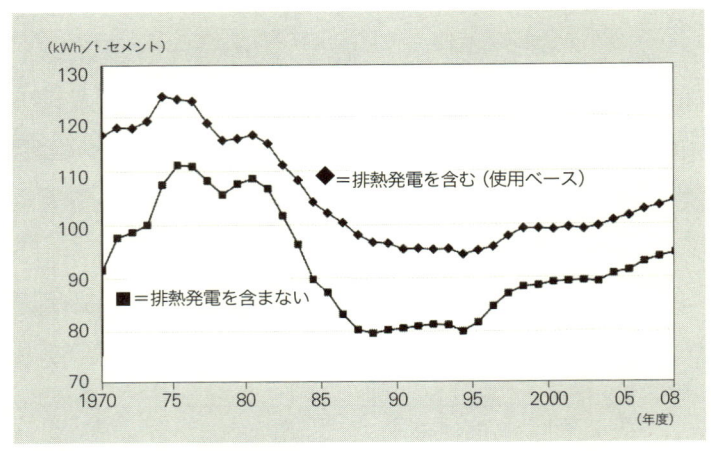

図1-2 セメント1トン当たりの使用電力量

廃棄物を使うのは資源循環の面ではいいのですが、直接的な電気消費量が少し上がってしまったものです。

　それでは、熱エネルギーがどのように使われているかを示す図1-3をご覧ください。クリンカー焼成熱が53％とありますが、これは理論熱量で、加えた熱量のうちの53％が原材料をセメント鉱物結晶にするための反応熱です。エネルギー効率が、産業機械の中でこれだけ高い効率を持っているものは少ないだろうと自負しています。自動車であれ何であれ、与えたエネルギーが運動エネルギーに変わる効率はこれほどではないと思います。さらに原料乾燥用熱、石炭乾燥用熱、廃熱発電によって電力にして回収している熱もあり、熱エネルギーはトータルで平均80％を有効に使っています。排エネルギーは、排ガスやクリンカーの持去り熱の分があるので、これ以上下げることが難しいレベルに至っています。

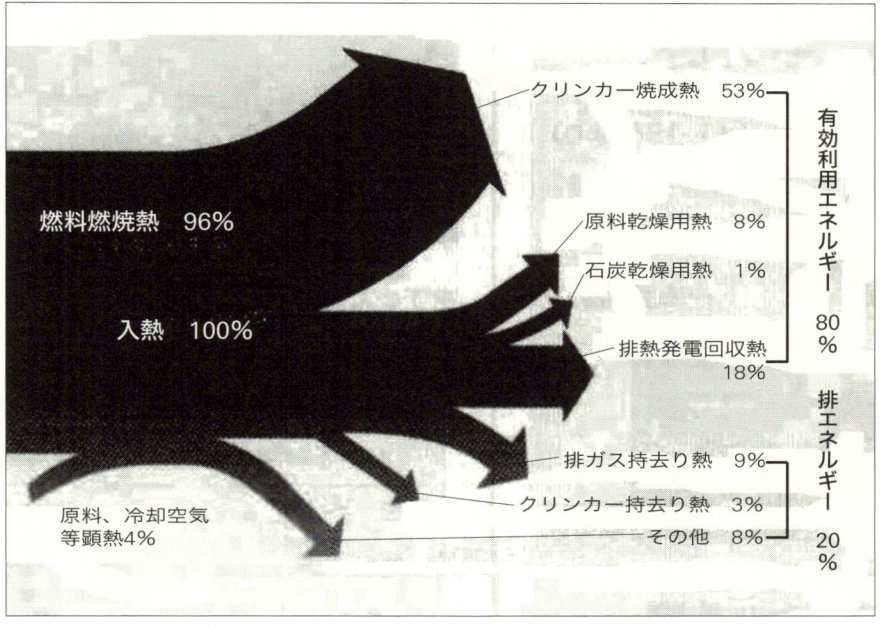

```
                                    クリンカー焼成熱  53%    ┐
                                                          │有
  燃料燃焼熱  96%                                          │効
                                    原料乾燥用熱   8%      │利
                                                          │用
                                    石炭乾燥用熱   1%      │エ
                                                          │ネ
  入熱  100%                                              │ル
                                                          │ギ
                                    排熱発電回収熱          │ー
                                                   18%    │
                                                          │80
                                                          │%
                                                          ┘
                                                          ┐排
                                    排ガス持去り熱   9%    │エ
                                    クリンカー持去り熱 3%   │ネ
  原料、冷却空気                                           │ル
  等顕熱4%                           その他        8%     │ギ
                                                          │ー
                                                          │20%
                                                          ┘
```

図1-3　熱エネルギーの利用と回収

2）原料そのものからCO_2が発生

　セメントは、原料のうちの6〜7割が石灰石です。原料の半分ぐらいは炭酸カルシウム・$CaCO_3$に含まれているCO_2が占めます。原料そのものからCO_2がかなり発生することになります。ですから、セメントづくりからCO_2を減らすとしても限界があります。一方で、図1-3にもあるとおり、熱エネルギーの有効利用率はもう8割になっています。排エネルギー20％を努力して1割減らしても、全体の2％にしかなりません。地球温暖化防止のためにCO_2マイナス25％の目標が示されても、なかなか厳しいものがあります。ひょっとしたら、理論的にできませんと言わなければいけない、あるいはセメントをつくる時に発生するCO_2は捕集して埋めなければいけない。そういう技術を開発する必要性は自明のことだろうと思います。

一方、日本では、セメントの生産量は、1990年をピークに下がり続け、新規の設備投資はほとんどしていません。それにもかかわらず、他の国のエネルギー消費量はまだ数割高いレベルです。生産量は減り、設備投資も少ない日本に比べて、中国や西欧の国々は生産量が増え、設備投資もはるかに進めているにもかかわらず、日本に比べまだ省エネ技術が追いついていません。

　しかし、それだからと言って、日本の省エネ技術や設備を輸出しようとしても具体策に苦慮します。高効率の日本のセメントづくりのノウハウは、運転のやり方、場合によっては会社のシステムとか工場の運営の仕方、人間のあり方、働いている人の意識まで含めた、どうつくっていくのかというところにあると考えています。マニュアルを変える等では達成できない性質を持っていると考えています。

セメントづくりと資源の循環

1）産業廃棄物の循環──ほとんどがセメントの原料になる

　セメントの原料になる資源の循環について少し述べてみたいと思います。先述したロータリーキルンの前に、サスペンションプレヒーターという、高さ50メートルを超えるサイクロンを幾つか並べた熱交換機があります。これによってロータリーキルン──1,100～1,500℃ぐらいに熱せられた、直径6メートル、長さ100メートルの大空間──が人間のコントロール下に置かれ、可燃物はこの中で分解してしまいます。

　先述したように、セメントはカルシウム、シリカ、他にア

ルミ、鉄分から成っていますが、皆さんが捨てるごみの中には、そういう成分が多く含まれています。セメントをつくる時に、それらの廃棄物をロータリーキルンで熱すると、残る無機物はカルシウム、シリカ、アルミ、鉄といった元素になるので、ほとんどの廃棄物はセメントづくりに利用できます。

ただ、セメントづくりには、必ず除去しなければならない元素もあるので、そういう廃棄物は使えません。セメントの安全性や工場の従業員の安全性を考えて判断しています。例えば、アスベストを処理して欲しいという要望は非常に強くありますが、途中で人が吸引する可能性を完全に排除する万全の措置がないと、受け入れは困難になります。

その結果、国内のセメント産業が使う廃棄物、副産物の重量は、1995年で2,500万トン強であったものが、2008年度で2,950万トンぐらい。セメント1トン当たりの重量は、1995年で257キロであったものが、2008年度で448キロになっています。近年は、セメントの約半分が廃棄物、副産物を使っていることになります。廃棄物、副産物のうち、一番多いのが製鉄業の高炉スラグであり、次がだんだん増えている火力発電所からの石炭灰です。その時々によって、その内訳は変遷しても、「リサイクルの優等生」に数えられています。

昨今、セメントの生産量が減ってくると、この2,950万トンの廃棄物を今後とも増やせるかと言えば、これは悲観的にならざるをえません。2010年度も、セメント生産量が減ります。廃棄物の使用量も当然減らすことになるでしょう。したがって、今後とも増える廃棄物に対しては、何らかの形で対策を取るべきだろうと思います。

例えば、セメントづくりに使われる廃棄物の中でも、上位を占める高炉スラグ、石炭灰、汚泥／スラッジの順位は変わっていません（建設発生土のように、2001年にはなかったものが、現在280万トンぐらい使っているとか、2001年にピークを迎えた廃タイヤのように、現在は半分以下しか使われていないとか、廃棄物使用量にも変遷があります）。

　現在、高炉スラグの約40％、石炭灰の約60％がセメントづくりに使われていますが、CO_2削減のために、あるいは「コンクリートよりも人へ」の政策が進んで、セメント工場は要らないとなれば、日本国内でだんだんセメントの生産ができなくなってくると思います。そうなると、高炉スラグや石炭灰の処理を何らかの形で考えていかなければなりません。輸出が難しい石炭灰の行き先が決まらないと、電気自動車の走行に青信号を点灯できなくなるでしょう。

2）一般廃棄物の循環——都市ごみの焼却灰を利用

　1人当たりの一般廃棄物の排出量は、1日約1.1キロ強がここ何年か続いています。最近は、ごみを減らそうという動きが地に着いてきて、減ってきつつあると聞きます。

　この一般廃棄物の処理には、最終処分場の問題などいろいろありますが、一般廃棄物処理事業の経費にも目を向けてみたいと思います。環境省の発表によると、一般廃棄物処理事業経費は、1988（平成元）年に約1兆4,000億円であったものが、1993年には約2兆4,000億円と急に増えました。そこで、経済産業省と環境省（当時は環境庁）の支援によりエコセメントの技術開発が始まりました。私どもは、NEDO（新エネルギー・

産業技術総合開発機構）の事業として製造技術を完成させました。

　この技術に基づいて、都市ごみ焼却灰の資源化、エコセメントシステムとして、それまでのセメント工場とは別に新しくプラントを設けて処理する技術を完成しました。一方で、従来のセメント製造工程で、燃やさない都市ごみを処理するシステムや、焼却灰を普通のセメント工場で原材料に使うシステムなどの技術開発を完成させ、今三つの技術を駆使しています。

　例えば、エコセメントの製造工程で都市ごみ焼却灰を処理するシステムは、千葉県に150万人分の都市ごみ焼却灰を、東京都三多摩地域に400万人分の都市ごみ焼却灰をエコセメントにするプラントがあります。

　これらは、廃棄物の処理（都市ごみ焼却灰の最終処分）にかかるコストをどう削減するかという問題から生まれたプラントです。

　確かに、プラントをつくる経費に二百数十億円かかりました。、最終処分場を要らなくしたということから言えば、エコセメントにする方がはるかに安かったと思います。それから、焼却灰を溶融スラグにする技術がありますが、一施設約十数億円の溶融プラントを21施設つくったとしても、その最終処分や施設の永続性を考慮すれば、エコセメントが安上がりに済んでいると、自負しています。

　ちなみに、2009年10月16日、東京たまエコセメント株式会社と東京たま広域資源循環組合が「循環型社会形成推進功労者環境大臣表彰」を受賞しています。

太平洋セメント株式会社のCSR報告書には、エコセメントの外部経済効果（社会的な環境負荷低減効果を貨幣価値に算定したもの）が高く、年間約816億円の外部経済効果があると試算されています。このCSR報告書には、一般的に都市ごみの焼却灰はどのように処理されるのか、その代わりにエコセメントをつくったらどれぐらい環境に負荷をかけないか、それを貨幣価値にしたらどうなるかを発表しています。これによると、外部経済効果は年度ごとに少しずつ下がってきてはいますが、社会が負担するコストを減らしていることを示していると思います。

　20世紀に入ってからのセメントの品質の推移を見ると、第2次世界大戦中に品質はかなり低下しましたが、その前後は現在まで向上を続けて来ています。廃棄物、副産物を用いるようになったからと言って、品質にいささかも影響を与えていません。また、セメントに含まれる重金属などの物質についても、含まれている量が同報告書には毎年記載されています。土壌にも含まれているフッ素、全クロム、亜鉛、鉛、銅、ヒ素、セレン、カドミウム、水銀などは、土壌に含まれるレベル以下で推移しているデータが公表されています。

　セメントは、基本的にアルカリ性です。何らかの溶出があるとすれば、鉛もしくは六価クロムだろうと思います。これ以外は、一般的にコンクリートの中に閉じ込められた形を維持して溶出しないと考えられます。この両元素については、用いる原材料に含まれる量に注意を払い、低いレベルに維持しています。先述したように、廃棄物、副産物の重量は、セメント1トン当たり448キロまで使うようにだんだん増やしてき

ていますが、含まれる重金属などの微量成分についても、十分にコントロールして安全なレベルに維持しています。

セメント産業の今後の課題

1）セメント生産量とごみの処理量の関係

　セメントの生産量は、1990年に国内の需要がピークに達し、その後は輸出で多少生産量が増加しましたが、1996年を境に2008年まで下がり続けているのが現状です。先ほども少しふれましたが、1985年頃、円高不況で国内需要も生産量も一時下がった時点で、すでにセメントづくりはエネルギー消費量が下がらないことがはっきりしていました。そのため、何らかの形でコストを下げるために、ゼロエミッションの分野に進出しました。

　2008年度、国内需要は5,000万トン強で、2009年度は、4,300万トン。2010年度は、多分4,000万トンを切るだろうという見通しがあります。また、セメント産業が使う廃棄物、副産物の重量は、2008年にすでに3,000万トンを切ってしまいましたので、当然、2009年度、2010年度は、ゼロエミッションによるセメント業界の循環型社会におけるポジションは、セメントの生産量とともに下がっていくことが推測されます。言い換えれば、今現在、セメント業界が引き受けている廃棄物、副産物の重量を今後は引き受けることができなくなるだろうということです。

　世界各国では、1人当たりのセメント消費量は、いくつかの統計に基づく計算値ですが、例えば、フランスは340キロ、ド

イツは360キロ、日本では06年で570キロ、09年現在では400キロを切っているところだと思います。アメリカが332キロ、インドは139キロということですが、じつは「世界の工場」と言われる中国が現在833キロ、14億トン生産しています。生産量は伸びる時には伸びるもので、1年に1億トン伸びている時期が3年ぐらい続いている時期があります。

　セメント業界のゼロエミッションは、日本国内にとどまらず、国外においても、廃棄物、副産物は、セメント製造の段階で使うか、あるいはコンクリートにした段階で何らかの形で使うかが、考えられると思います。

　日本のセメントの生産量は一体どこまで下がるのか、いろいろ分析している方々もおられますが、過去の実績に基づく統計的な見方からは、「コンクリートから人へ」という流れと、その将来を読みとれないだろうと思います。ごみの最終処分場に事欠く社会状況やセメント業界の循環型社会におけるポジションを考えると、やはりセメントの生産量は、4,000万トン未満のレベルを想定して何らかの対策を立てておくべきだろうと思います。

2) セメント製造工程におけるCO_2削減技術の開発

　先述したように、セメントづくりでCO_2を削減するのは、非常に厳しい面があります。低炭素社会に向けて一体どう進めばいいのか、VDZ（ドイツセメント協会）が、アメリカのセメント協会で、CO_2削減の技術についていろいろな方策を発表しています。例えば、二酸化炭素を捕集して隔離する（CCS）、それを太陽光発電で行う、しかしそれでは夜は操業できない

など、いろいろな話題が出ています。いずれにしろ、CCSという決め手があっても、現実に進めるにはコストの負担を初めとする非常に厳しい問題があります。

　国内でも、経済産業省2010年度予算で、CO_2排出削減技術開発事業の一つとして、セメント製造の革新的プロセスを実現させようとしています。コンソーシアム（複数の企業が参加する）方式になると思いますが、参加者の公募がかかると聞いています。ここでは、クリンカーをどうやってつくるのか、本当に今の反応だけなのか、あるいはセメントの性質をちょっとだけ変えると全体がかなり違ってくるかもしれない、といったような製造プロセスやセメントの材料性についても取り組まれると思います。すでに、2009年度では調査事業が行われていますが、2010年度から本格的に取り組みが始まるところです。

　最後に、岩手県大船渡市に市民文化会館・市立図書館「リアスホール」（2009年度の日本建築大賞を受賞）という建物が完成しています。美しい造形にすることができるコンクリートの見本のような施設です。人と同じように、コンクリートもぜひかわいがっていただきたいと思います。

リコーグループの環境経営活動

酒井　清（リコー取締役専務執行役員）

はじめに

　私どもの「環境経営」というのは、利益創出と環境保全の同時実現ということです。つまり、後でも述べますが、サステナブルな社会をつくるためには、企業もサステナブルでなければなりません。企業のサステナビリティは、利益が出ないと会社はつぶれるので、利益を出しつつ環境を保全しなければなりません。したがって、環境保全の考え方が全部、経営の中の数値として、経営活動に取り込まれているのが、私どもリコーの特徴だと思います。

　昨今は、どの会社もそのようになってきていると思いますが、私どもは最初からそういう考え方をしています。経営である以上、その目標値が大切です。目標値があって、計画があって、それが日常活動まで落ちて、それが定期的に見直される。企業では、「PDCA」（プラン、ドウ、チェック、アクション）と言いますが、環境経営もこのPDCAで行っています。したがって、今日は三つのこと、始めに、どうやって目標値、あるいは計画を立てるのか、次にその結果行ってきた事例の紹介、最後に今後の方向性について述べたいと思います。

持続可能な企業になるための四つのポイント

　先ほどもお話ししたように、持続可能な社会には持続可能な企業が必要である、というのが我々の考え方です。私どもは持続可能な企業になりたいと、切望しています。その点について、四つのことをお話ししたいと思います。

1）目標をどう決めるか

　目標をどう決めるかということについては、私どもは「3Psバランス」という言葉を使っていますので、これを最初に紹介したいと思います。

　図2-1のように、人類は地球の一部ですが、その活動そのものが近年、地球を棄損し続けています。そうならないようにするためには、地球の再生能力の範囲内に人間活動の負荷を

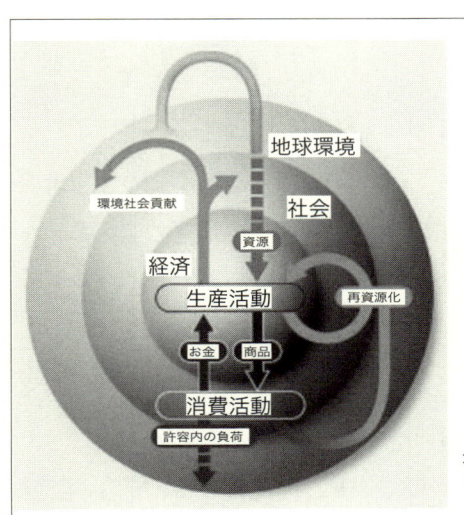

3Ps Balance

環境（Planet）
社会（People）
経済（Profit）

三つがバランスのとれた状態

（環境負荷が、自然の再生能力の範囲内に抑えられている社会）

図2-1　目指す姿：3Psバランス

とどめておかなければなりません。したがって、Planet（環境）、People（社会）、Profit（経済）、この3つのPがバランスのとれた世界——「3Psバランス」が我々の目指す姿ということになります。こういう地球になるように、我々の企業活動をしていかなければなりません。

2) 循環型社会を実現化

それには、図2-2のように、循環型社会が負荷を削減する一つのモデルになると思います。右の上流から、原材料が投入されると、それが部品になり、私どもの製造過程に入ってきて製品がつくられ、それが販売に回ってお客様に届けられる。それで、使い終わったものは、回収センターに集められ、物によっては、販売のところで再生してお客様にもう一度使っていただいていますが、いずれにしてもまたお客様に届けられ、今度は外の輪を回ってつながっていきます。シュレッダーダストみたいなものは、最後には処分に回っていきますが、このサイクルの形から私どもは「コメットサークル」と言っています。

こういうサイクルの中で、我々の企業活動がどういう環境負荷を、どこでどのぐらい与えているかを把握しておかないと手が打てませんので、このコメットサークルをベースにいろいろな定量化をしています。

もちろん、内側のループほど環境負荷は小さいので、なるべくループを内側へ、内側へと持っていくための設計やものづくりをしていくことが重要です。初めから、内側ではできないとあきらめずに、すべてのことをコメットサークルの中

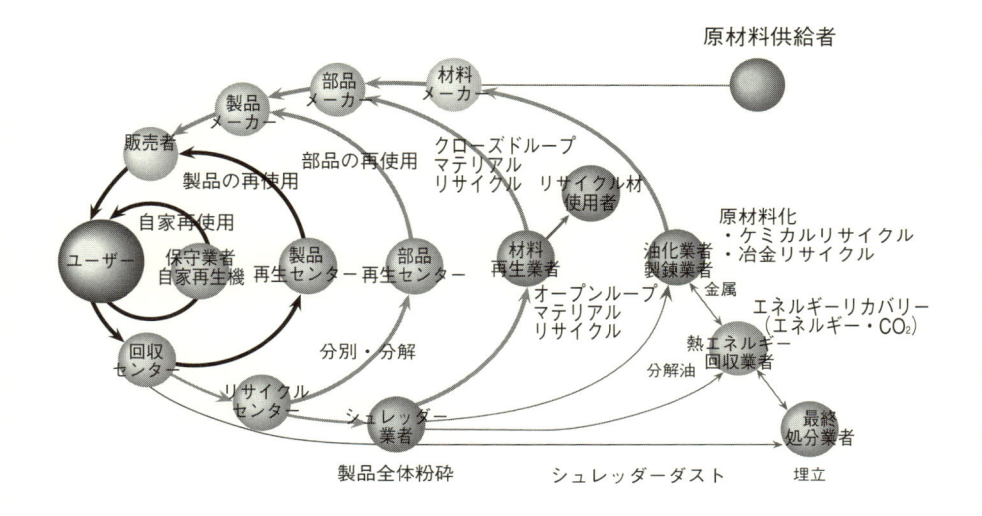

図2-2　循環型社会実現のための概念：コメットサークル

の重層的なリサイクルで行っていくことが、非常に重要になります。循環型社会の概念をこういうコンセプトをつくって共有しています。

3）ライフサイクルで環境負荷削減活動

　三つ目は、そういう我々の活動の場をどこに置いていくかということです。「京都議定書」では、メーカーが発生するCO_2はメーカーの責任と言われていますが、どうもそれだけではないというのが我々の考え方です。

　図2-3のように、上流から下流に（図では上から下へ）物や材料が流れていきますが、上流では私どもは部品とか直接、化合物を使いますので、そういうものに係わる環境負荷。それから、リコー内部での生産から販売までの活動の中で使う

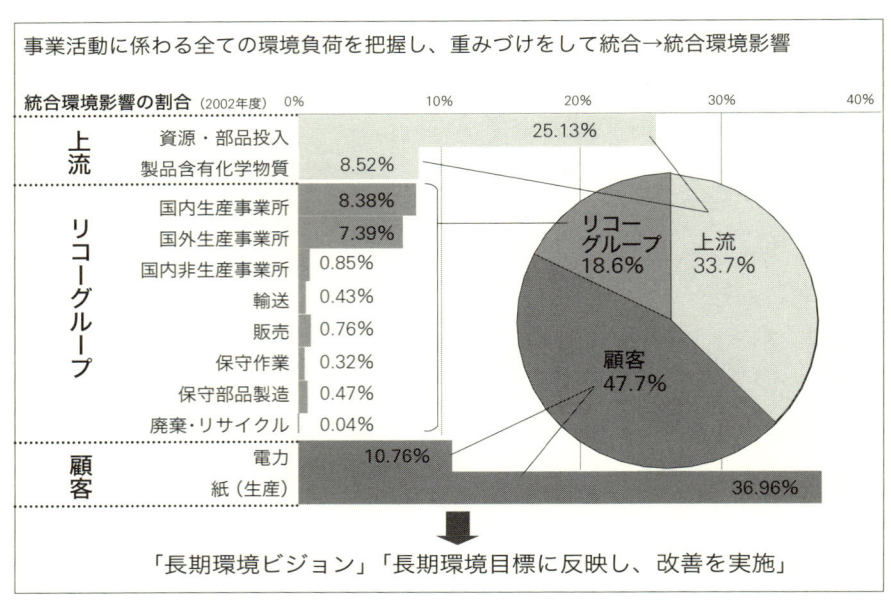

事業活動に係わる全ての環境負荷を把握し、重みづけをして統合→統合環境影響

統合環境影響の割合 (2002年度)

上流	資源・部品投入	25.13%
	製品含有化学物質	8.52%
リコーグループ	国内生産事業所	8.38%
	国外生産事業所	7.39%
	国内非生産事業所	0.85%
	輸送	0.43%
	販売	0.76%
	保守作業	0.32%
	保守部品製造	0.47%
	廃棄・リサイクル	0.04%
顧客	電力	10.76%
	紙（生産）	36.96%

円グラフ：上流 33.7%、リコーグループ 18.6%、顧客 47.7%

「長期環境ビジョン」「長期環境目標に反映し、改善を実施」

図2-3　リコーグループ製品のライフサイクルでの環境影響

環境負荷。下流では、主に電力と紙が多いのですが、お客様が私どもの商品を使う上で起こす環境負荷というように、上流から下流に至る間には、3種の環境負荷がかかっています。上流で発生する環境負荷が約34％、中流のリコーグループ内で発生する環境負荷が20％弱、下流のお客様のところで発生する環境負荷が50％弱ぐらいですから、これ全部をターゲットに削減していかなければなりません。ということで、我々の環境負荷削減活動は、ライフサイクルで物を見ていかないと、とても削減できないということになります。

4）製品・事業所の領域で省資源・省エネ・汚染防止を展開

　最初に、目標を立てることが大切だと言いましたが、目標設定はなるべく高い視点で立てなければなりません。昨今は、CO_2 25％削減が達成できるのかとか、15％が限界ではないか

とかいろいろ議論がありますが、できるかできないかを問うていくと、なかなか革新的な技術にタッチできませんので、目標はこうなるのが理想であるということを前提にしなければなりません。

先述した3Psバランスから目標が出てきますが、IPCC（気候変動に関する政府間パネル）も勧めていますが、これを仮に2050年に地球がバランスするとすれば、計算では西欧先進国の環境負荷を今の8分の1にしなければなりません。私どもは、ここからバックキャスティングして中間の年に目標値を定めています。つまり、リコーの事業は、どちらかというと先進国向けの事業が非常に多いので、わりと簡単にそういう計算ができます。例えば、今一つの中期経営計画では、2010年を目標として、2000年度比20％削減と目標を定めてやっています。

先述したライフサイクル全体の削減では、細かい計画が立たないので、横軸にライフサイクルの各ステージ（調達、生産〔非生産〕、物流、販売・保守、製品：電力、製品：紙、廃棄・リサイクル）、縦軸に3本の環境影響分類（省資源・リサイクル、省エネ・温暖化防止、汚染予防）をとり、それぞれでどのぐらい削減していくか実行計画を立てています。それがさらに製品系、事業系に分かれていくので、六つに分類されることになり、個別目標を各部門で立てて実施していくことになるわけです。

それぞれの項目については、活動を加速するために、今、バックキャスティングで2050年と2020年の目標を立てています。2020年については、IPCCの勧告で、いつ資源がピークアウトするかという議論があり、私どもも、そこの目標値を決

めておかないといけません。また、2050年より中期の目標の方が達成する手段が限られるので、厳しく目標値を設定しています。

持続可能な企業活動

こうした活動を比較的初期の頃から行ってきましたので、どんな形で成果を上げているかということをざっと説明したいと思います。

1） リサイクル事業の黒字化

複写機のリサイクルについてですが、先述したライフサイクルの各ステージと環境影響分類から、効果が現れるライフサイクルステージは、「調達」での省エネ、省資源、「廃棄・リサイクル」での汚染防止というぐあいに一目でわかるようになっています。

複写機のリサイクルでは、設計段階から変えなければ効果が現れないということで、1993年頃からリサイクル対応設計のルールをつくってきました。実施しながらフィードバックを加えて進歩していった過程での一事例ですが、複写機のリサイクルの時に、異種材料の説明書シートがはがれないとリサイクルできないので、最初は挟み込みとか、あるいはどうしても接着しなければならないものは同質材料（相溶性シート）を使うようなことをやってきました。余談ですが、最近、環境関連特許の無償許諾ということで、私どもはこの特許を無償で公開しています。

それから、リサイクル製品では、「Imagio Neo751」という中速の機械は、今、88％ぐらいの再使用材料を使って「Imagio Neo751RC」という機械に生まれ変わって売られ、じつに埋め立てや焼却・廃棄に回るのは0.1％に低減しています。

　リサイクルをしていく上で、ものを回収するシステムが非常に重要になってきて、世界中で「再生リサイクルセンター」というネットワークをつくるのに大変な投資をしてきました。ちなみに、複写機はリサイクルするとどのぐらいCO_2が発生するかと言えば、先述の「imagio Neo450RC」で言うと80％ぐらい削減できます。

　これはリサイクルの歴史では、1993年頃から設定し対応を始めましたが、本格的にスタートしたのが1996年ぐらいからでした。最初はゼロからスタートしたのではなく、それまでは外部に委託して処分していたのでマイナスからスタートし、それが先行投資のためにさらに大きくマイナスが増えましたが、遂に2006年に黒字化を達成し、その後ずっと黒字化を続けています。

2）製品の省エネ化によるCO_2削減

　次は、製品の省エネについてですが、複写機はスタンバイモードで温めなければならず、エネルギーを非常に食います。そのため、スタンバイモードのエネルギーをどうやって減らすかということに取り組んできました。その結果、原理は非常にシンプルですが、従来のローラーを超薄肉のローラーにして高速に加熱して使えば、スタンバイモードのエネルギーは極限に減らせるということがわかり、そういう技術をいろ

いろつくってきました。

　この技術は、省エネモードからプリント可能になるまでの待ち時間短縮と省エネ効果を高めるので「QSU（Quick Start Up）技術」と呼びますが、この技術を搭載した中速機はいろいろなところで賞をもらいました。

　ちなみに、複写機のスタンバイモードでどれぐらい電力を食っているかと言うと、何と46インチの液晶テレビをつけっ放しにしている状態とほぼ同じエネルギー（消費電力150W）を食います。省エネモードでは、「Imagio MP C5000」の場合、消費電力がわずか1.9Wです。ところが、せっかく省エネモードを搭載していても、なかなかお客様に使っていただけないので、立ち上がりに10秒だけ我慢していただければ、年間約270KW、CO_2で106Kgの節約になりますと今、大キャンペーンをしているところです。

　それから、複写機で使う粉（トナー）ですが、従来のトナーの充填機では、品種がいっぱいある場合には小回りがきかず、スケールメリットがあまりありません。そこで、トナーの充填装置をなるべく小型化して、従来のものに比べ、設置スペース1/40、消費電力1/4、CO_2排出量1/4の超低コスト小型充填機（オンデマンド・トナー充填機）を開発しました。これは、生産拠点だけでなく、物流拠点や販売会社にも導入してお客様に近い場所で充填できるので、リサイクルにも最適という、一石三鳥、四鳥の装置です。

　また、弊社にはもうすでに生産工程のコンベアラインはありません。コンベアは、常に電気を入れっ放しにして非常に不効率ですので、台車押し生産を始めました。台車の上に作

業用の台を置いて、つくりながら必要に応じて人間が後ろから押して動かします。この台車押し生産で、じつにCO_2の発生量で計算すると99％削減できています。

3）事業所の廃棄物リサイクルによるCO_2削減

　それから、事業所の廃棄物のリサイクルです。一般的には、「3R」（Reduce「ごみ発生量を減らす」、Reuse「再使用する」、Recycle「再資源化する」）と言いますが、私どもはあと二つR（Refuse「ごみになるものを買わない」、Return「購入先に戻せるものは戻す」）をつけて「5R」と言っています。

　リコーは沼津工場がメッカですが、ここでは「5R展示場」を開いています。これは、QC（品質管理）では「水平展開」と言いますが、工場で働く同じ仲間同士がこれを見て、創意工夫の情報を共有し合う場です。今、私どもの世界中の工場が同じような展示場を持っています。

　また最近では、どこの事業所でもやっていることでしょうが、食堂の特にご飯の残飯が非常に多いので、ごみゼロの対象にして、ドラム缶22缶分の残飯を2缶になるまで削減し、最後はコンポストに入れて肥料にし、園芸の好きな人に持ち帰ってもらっています。これも水平展開の例で、世界中の工場だけでなくて、非生産拠点もごみゼロの対象になっています。

今後の課題

　先ほどから、私は「環境負荷の削減」という言葉を使っていますが、環境負荷を削減したらそれで終わりかという問題

が残ります。我々が、持続可能な社会を構築するためには、環境負荷の削減と同時に地球再生能力の向上がどうしても必要になります。

　最近では、「第3次産業革命」とか言われる環境負荷を削減する環境技術は、材料メーカーとかエネルギー関係の皆さんの力添えがなければ絶対できませんが、我々自身もほとんどエネルギーを使わなくてもちゃんと複写機ができるような環境技術や、環境負荷の少ない材料を開発しなければいけないと思います。

　一方、地球再生能力の向上と言えば、最近は、生物多様性の保全活動が叫ばれてきています。弊社は、ボランティアとかCDM（クリーン開発メカニズム）で、生物多様性のプロジェクトを組むとか、いろいろなNPO、NGOの生物多様性の保全活動はサポートしていますが、じつは環境経営の環境会計の中に、今まで生物多様性の保全を入れていませんでした。生物の多様性は、放っておけば破綻しますので、早く手が打てるように、これからは、生物多様性の保全を経営方針の中に入れていきたいと思います。

　我々は、社内で全員参加という形で、環境経営をやってきましたが、この輪を社外へ広げていかなければなりません。我々は、材料や部品を買わせていただく皆さんとも、今、グリーン購買という形でお付き合いさせていただきながら、環境負荷の少ない製品づくりを促しています。お客様に対しても、いかに省エネをお手伝いできるかコンサルティングをさせていただきながら、一企業ですが、全員参加の輪をどんどん広げていきたいというのが我々の願いです。先ほども言い

ましたが、活動の範囲を環境負荷の削減から地球再生能力の向上まで広げていくことが、これからの我々の活動の柱になっていくだろうと思います。

環境保全から環境創造の時代へ

金井　誠（大林組専務取締役）

はじめに

　先ほど産業界ネットワーク代表の谷口さんの言葉の中に、環境に対して「チャンス到来の風」というキーワードがありましたが、じつは私も「うねり」というか、「何か大きな変わり目」を感じています。

　1960年、70年代に、環境がどんどん傷んできて、何とか保護しなければいけないとこれまでやってきましたが、これからは、環境を保護するという受動的なところから、環境を創造する、再生するという能動的な動きをしなければならないと思います。ただ我々は、長い期間にわたってこの環境を棄損してきましたから、持続可能な環境（サステナブル・エンバイロメント）を実現するためには、我々の意志も持続（サステイン）させなければならないと考えています。

　世界が、今ほど気候変動で大変な影響を受けた時はありません。「Think global」ということから言えば、日本のある地域だけを見ていても、この地球の大きな動きはわかりません。炭酸ガスの増加量と温度変化も、ある特定の年度だけを見たのでは、暑いなとは思うかもしれませんが、この100年間で人間がどれほど環境に対して悪い影響を与えてきたか分からな

いので、まず地域も時間も大きく見ていくということが非常に大事なことだと思います。

　2009年10月6日から8日にかけて台風18号がやってきました。この台風の軌跡と規模を見た時に、私は非常に恐れを持ちました。3年ほど前に、アメリカのニューオーリンズに上陸して、非常に大きな被害を及ぼしたハリケーン・カテリーナを思い出させたからです。この台風18号は、一番低い時の気圧が910ヘクトパスカルと超低気圧状態で、発生後の進路もハリケーン・カテリーナがニューオーリンズをめがけて上陸した時のように、日本をめがけて来ました。たまたま、大きな被害にはならなかったからよかったと思いますが、こういうことが2010年、2011年と、これから非常にたくさん起こって来るのではないか。その時に、果たして日本は安全なのかという自然からの脅威があります。

　ニューオーリンズでは、2009年から沿岸に沿って大きな堤防を築く工事を始めました。じつは、当社もこの7月にその工事を受注し、これから設計・施工で頑張っていきますが、この事業は最終的には1,000億円を超えるような工事をやらないと、ニューオーリンズを守ることはできないと言われています。工事に1,000億円を投入するのが嫌なら、産業も人間も、もうニューオーリンズからすべて出ていかなければならない。そういう状況に、地球は、今陥っていることを認識する必要があると思います。

　日本で降る雨について、降雨強度が50ミリ以上の発生回数を過去にさかのぼって見てみると、2004年の兵庫、円山川の決壊、2008年、埼玉でも浸水被害が起きたことがあります。通常の下

水ネットワークは、降雨強度が50ミリ程度に想定して設計していますので、50ミリを超えるような雨が降ると、町に水があふれてしまいます。

　土木の構造物設計では、大抵の場合、30年に1回とか、100年に1回という確率を考えます。例えば、地震の場合、非常に大きい直下型の大地震は、1,000年確率で1,000年に1回と考えますが、実際はそうではなく、今起こるかもしれません。50年後かもしれない。水害も同じように、50年確率と言っても、50年先に起こるものではないということになります。これほど地球は変わってきたと考えています。

　本日は、ZEFと大林組の歴史を少し振り返りながら、ゼロエミッション、あるいは気候変動に対して我々が技術的にどんなことをやっているかということと、最後に大林組の意志を少しお話ししたいと思います。

持続可能な社会の建設技術

1）企業理念に掲げた「自然との調和」

　大林組が社内に「地球環境室」を設立したのは、1990年になります。この頃、特に建設業は、環境を破壊してきた手先というふうに思われた時期でもあり、そういうことばかりやっていたのでは我々はもう事業を継続していけないと、地球環境室を開きました。2000年に、「国連大学ゼロエミッションフォーラム」（以下、ZEFと称す）が設立された時には、すぐに参加して、その中で一緒に建設現場でのゼロエミッションを宣言しながら活動してきました。

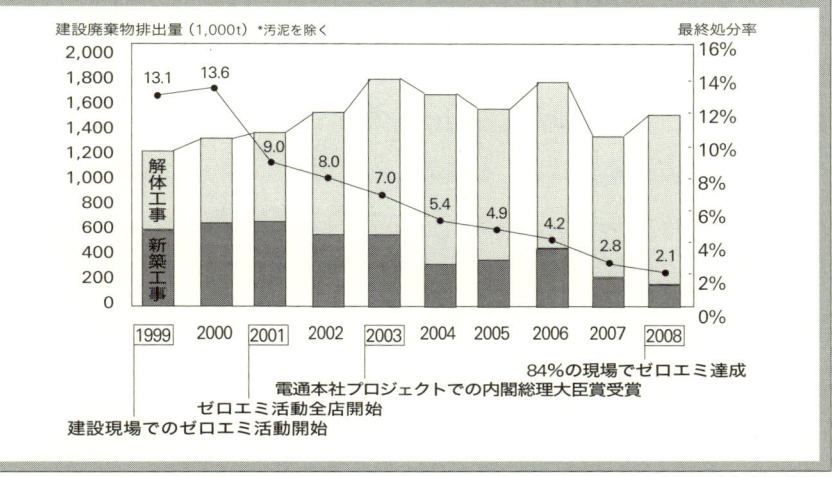

図3-1　建設現場での最終処分率ゼロをめざして

　図3-1は、建設廃棄物の最終処分率に関するデータですが、1999年に、建設現場で一回ゼロエミッション（以下、ZEと称す）をやろうと開始して以来、2008年度に84％の現場でZEを達成しています。ZE活動を開始して、すぐ全店でもZEを始めましたが、100％の現場でZEに取り組むまでに6年かかっています。環境に対して人間の意識を変えるのは、いかに時間がかかり、努力が要るか、逆にわかっていただけるのではないかと思います。

　企業理念としても、これまでのように環境破壊の手先にならないように、「自然との調和」を考えています。この自然との調和の中では、生物多様性（バイオダイバーシティ）を認識・理解しなければ、私は人類だけでは生き延びられないと考えています。地球ができて46億年、生命が始まって40億年、我々の一番近い人類の祖先はせいぜい40万年前に出現し、わずかこの100年間で地球を壊してしまいました。

　それにもかかわらず、人類は万物の霊長であるとか、進化

の頂点にあると言っていますが、ほんとうにそうなのかと疑問を持っています。私は逆に、人間と自然の関係がまだ非常に未熟であって、しかも我々人間そのものが、まだ未熟なのではないかと思っています。ですから、我々は逆に、人類の先輩であるいろいろな生物、動物、植物から謙虚に学ぶことによって、初めて環境についてもきちんと対応できるのではないかと思っています。そういった考えから、自然との調和を企業理念に掲げています。

2）CO_2削減に貢献する新技術──URUP工法

　建設技術について、持続可能な社会に役に立つ技術を紹介していきたいと思います。

　踏切や平面交差点での交通渋滞等を解消するために、道路の立体交差工事を行うことがあります。その場合、従来の工法では、図3-2のように、まず縦に穴（立坑）を掘り、それから横に向かってトンネルを掘っていきます。我々は、これまで浅いトンネルは掘れないものと思ってきました。例えば、私が最後に係わった埼玉の現場では、トンネルを掘る用意をするのに地下70メートルの立坑を3年かけて掘り、1,400メートルのトンネルをわずか1年で掘っていました。それはちょっとおかしいのではないか、なぜ立坑が

写真3-1　URUP工法

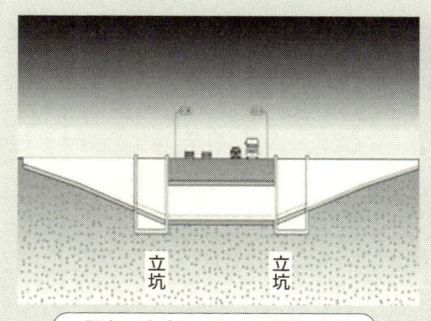

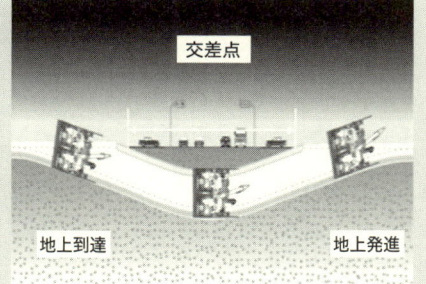

図3-2　URUP工法のメリット

　要るのだろう、なぜ深くないとトンネルは掘れないのだろうと、実際に実験をやってみました（写真3-1）。道路の上の方にトンネルを掘る機械を置き、そこから地中に向かって掘り進め、地中を掘り終わって出てきたのが、この写真です。

　この工法では、工事期間が大体半分から3分の1に短縮できます。CO_2の排出量も50％以下に抑えられ、その上、掘った機械は回収できて、また別のところでも使えます。通常、立体交差の工事をする時に、縦穴を掘り、そこから横穴を掘れば、不必要な土を掘ったり、不必要な燃料を使うことになります。この工法では、その分のCO_2を減らすことが可能です。

　ところが、これが道路の立体交差でなく、鉄道と道路の立体交差になると、今度は行政側に問題が出てきます。トンネルの部分は鉄道会社が発注し、トンネルの範囲を超えた部分は国や地方自治体が発注すると、発注者が二つに分かれ、工事を一つにまとめてできなくなります。今度の新政権では、そういったことがなくなるように、過去のしがらみを捨てて、ほんとうに地球のためを考えて問題が解決されることを望み

環境保全から環境創造の時代へ

ます。

　URUP工法の掘削機（写真3-1は試験段階）は、東関東自動車道路で湾岸船橋インターの工事にも採用されました。また、2010年2月からは、首都高速道路品川線と湾岸道路が連絡する部分でもトンネル掘りに使われ始めています。さらに、関東地方では、この機械を使って、住宅の下に、地上から掘って、地上に出して、もう一回地上から逆に返って道路トンネルをつくる工事にも使われています。

3）環境を再生する工事

　四国の高知県竜串（足摺宇和海国立公園）では、大雨でドロと木が湾を埋めつくし、きれいな珊瑚を死滅させたので、これをきれいに掃除して再生する工事を3年ほど前から始めています。先ほど、持続可能な環境を実現するために、我々は「意志を持続（サステイン）させる」と言いました。日本語では「こつこつ」という表現に近いと思いますが、これこそ海の中で、人の手で珊瑚を一つひとつ掃除しながら、もとの環境に戻していく――こういった環境を再生する工事も行っていこうと考えています。

　また、北海道帯広市にある、お菓子で有名な六花亭の工場は、もともとは荒廃した自然があった事業用地でした。これを生物多様性（バイオダイバーシティ）の考えから、どんな植物がいいか、どんな動物がやってくるか見ながら、ランドスケープ技術を活用し、「六花の森」として周囲の環境を再生しました。

　それから、無機質な都市にグリーン環境をつくる工事も行

います。新宿区では、高速道路壁面の緑化工事を行いました。我社の農業エンジニアが、提案時にイメージパースをつくって、将来こんな形に緑が再生できるというシミュレーションをしながら実際の工事を行います。工事後は、メンテナンス——特に壁面緑化では、生きものである植物をどう生存させていくかは大事なことだと思います。

　大阪にあるショッピングセンターでは、アメリカのグランドキャニオンをイメージしてつくった、屋上緑化工事を行いました。この屋上に、チョウチョウやトンボ、鳥が飛来して、実際に今では棲みついています。緑化工事にとどまらず、工事後も無機質な建物と動植物の関係を調査し、さらにいい関係ができないか探求しています。

4）自然から学ぶ技術開発

　生物多様性（バイオダイバーシティ）については、もう一つ動植物からの模倣（バイオミミクリー）という考え方があります。これは非常に大事な考え方で、例えば、ミミズや微生物などは土壌や地下水を浄化する力を持っています。自然からいろいろなことを学べば、カワセミの嘴(くちばし)と流線型をした新幹線の先頭車輌のデザインが似ているわけ、スピード社製の水着とサメの肌の表面が似ているわけも納得がいきます。自動車メーカー・ベンツのエンジニアは、不格好なハコフグがなぜ水の中で俊敏に動けるのか不思議に思い、その形で車をつくってみると、従来から考えられていた流線型よりも抵抗が少なかったという話もあります。ハコフグに似た一見不格好デザインをみんなが良いと思うように意識が変わると、

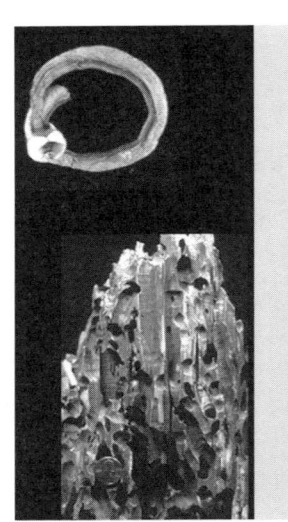

写真3-2　フナクイムシを真似たシールド工法（開削機の前の女性と対比すると大きさがわかる）

　おそらく、ベンツはこういった車を売り出すのではとさえ思います。

　建築物で言えば、アフリカにあるアリ塚は、何百万匹というアリがその中に棲んでいます。アリが冷暖房なしでも生きていけるアリ塚。その空調機能を、そのまま模倣したホテルがアフリカにあります。このホテルには、冷暖房装置がありませんが、それでも冬は暖かく夏は涼しい。自然に学べば、こういった建物もつくれるということです。

　我々は、建築・土木事業で、動植物から学んださまざまな技術を開発したいと思っています。土木で、昔から使っているのは、地中にトンネルをつくるシールド工法です。写真3-2の左上にいる輪のようなフナクイムシが、木造船に穴をあけ、その穴を固めていきます（左下）。このフナクイムシの形と力を真似たものが、右上のオレンジ色の丸い筒で、私が東京湾アクアライン（1997年12月完成）を木更津側から約2,800メートル掘った時に使った機械です。2008年に開通した首都高速道

路新宿線でも、この工法でトンネルを掘りました（右下）。フナクイムシを真似て、1820年頃にシールド工法を考えたのはイギリス人ですが、これからの土木の技術開発でも、動植物からさまざまな技術を学べば、最先端の技術に応用することができると思います。

持続可能な発展へのキーワード「ハイ・タッチ、ロー・インパクト」

1）カーボンニュートラルな施設を目指す新技術研究所

　この100年間で地球を温暖化させてしまった我々人間が、これから環境に対してどう付き合うか。今後は「ハイ・タッチ、ロー・インパクト」で、まずは環境と親和し、同時に環境への負荷を低減しないと、温度はさらに上がり、最後は地球が壊れてしまうのではないかと思っています。

　現在、我々は東京都清瀬市に、技術研究所を新しくつくり直していますが、ここでは思い切り低炭素社会に適合した研究を行いたいと思っています。余談ですが、この研究所を40年前に開いた故大林名誉会長が、武蔵野の環境をきちんと残した技術研究所にしようと、ゲストルームを挟んだ土地の約40％を原生林のまま残しています。建設に当たっては、故人の遺志「環境を守るために、いいセンサーとなる環境を残す」を引き継ぐ大林組の「意志」が大事であると考え、新しい研究所もこの自然林を残すことにしました。

　今回、この研究所が国土交通省のCO_2推進モデルの事業に採択されました。省エネと再生可能エネルギーでCO_2を55％削減

した後、削減した光熱費の一部でカーボンクレジットを購入して、日本で最初のカーボンニュートラルな研究施設を目指します。CASBEE（建築物総合環境性能評価）では、CO_2削減率55％で「S」（素晴らしい）クラスの評価をいただきました。CASBEEで「S」評価を得るために、自然採光、太陽光発電、地中100メートルにヒートパイプをつけ、地中熱を利用した冷暖房、雨水利用、自然換気といった、先ほど述べたアリ塚の考え方を取り入れたような設計もやっています。ここでは、研究者が2010年8月から実際の研究を始めていきますので、ぜひ見学していただければと思います。

　一方で、評価の高いものをつくっても、地震で壊れるようでは、不要な廃棄物、CO_2を出しますので、この研究所では制震システムによる建物の長寿命化を図っています。10分の1スケールの性能実証実験では、立てた鉛筆が震度「5強」でも倒れない、制震システムの中でもアクティブな制震技術（地震の揺れを打ち消す技術「スーパーアクティブ制震システム［ラピュタ2D］」）を採用しています。100年に一度、1,000年に一度の地震が来ても、この研究所は壊れることなく、そのまま研究を続けることができます。長持ちする建物をつくることも、地球環境に負荷をかけないことに役立つと思います。

2) 今後は自然を学び、環境負荷のゼロエミッションを

　これまで、ZEFで10年間廃棄物のゼロエミッションをやってきましたが、今後は、それに加えて環境負荷のゼロエミッションをやっていきたいと思います。取り組みとしては、自然を学ぶことでいろいろな技術を知り、それを活用して、より

よい未来のための環境を創造していきたいと思います。

　我々は、2012年のCO_2削減の中期目標では、基準の建物比では30％のCO_2削減、現場ではもうすでに46％達成しています。先述したように、設計する建物については50％以上のCO_2削減は可能ですが、これはそれをつくる建主（所有者）が、CO_2削減50％以上の建物をつくろうという意志があり、初期コストをきちんと負担していただければ、我々は、CO_2削減率55％、CASBEE「S」クラス、カーボンニュートラルな建物をつくることができるということになります。

　このZEFの後を受けて、我々はJapan-CLP（日本気候リーダーズパートナーシップ）に新しく参加し、ここで今後も環境に対する活動を続けていきたいと思っています。

国連大学ゼロエミッションフォーラム創立10周年記念シンポジウム

第3章
学会の事例

はじめに
鈴木基之（学界ネットワーク代表・理事）

プランテーションでのバイオマス利活用の促進と課題
藤江幸一（横浜国立大学大学院教授）

学際から超域へ——ゼロエミッション研究を通して
伊波美智子（琉球大学教授）

亜臨界水で有機性廃棄物を資源・エネルギーに転換
吉田弘之（大阪府立大学大学院教授）

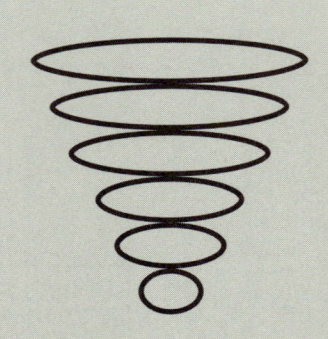

はじめに
ゼロエミッションを発展させて持続可能な社会を
鈴木基之（学界ネットワーク代表・理事）

　2009年、国連大学におけるゼロエミッションフォーラム10年の活動の最終点として、次の発展的な展開を図っていく上での一つのきっかけになればと思い、少し過去を振り返り、大学側、特に研究者がどういうふうに動いてきたかをご説明させていただきたいと思います。

　私は、ここ20年が非常に大きな意味を持っていると思います。それは、1989年に「ベルリンの壁」が崩れて、それ以来、地球全体が急速にグローバル化していきました。市場経済が地球全体を覆うようになって、金融工学が生まれ、急速な経済不況につながることとなりました。1988年にハンセン博士が証言（編集部註：米国上院エネルギー委員会で、人為的な原因による地球温暖化問題の深刻さを訴える）をしたことがきっかけになって、地球環境、温暖化にいろいろな人が目覚めていくこととなりました。日本では、天皇が即位されたのがちょうど20年前です。数日前に、即位20周年の記念式典が挙行されました。

　この20年の間、環境研究に関しても、大学側では87年から92年にかけて「人間-環境系の変化と制御」という大きなグループ研究が動きました。人間活動と環境を一体として考えていかなくてはいけない、というのが人間-環境系の発想でした。

それが終わり、97年から2000年までの4年間に、「ゼロエミッションを目指した物質循環系の構築」という特定領域研究が始まりました。この研究には、百数十名の研究者が関与しました。そうした前段階があり、国連大学で2000年に「ゼロエミッションフォーラム」がスタートした時に、その中の学界系のネットワークとして、ここに参加されていた先生方を中心に一つのグループが形成されました。

それ以降、比較的大きな研究プロジェクトとしては、屋久島を対象にして、ゼロエミッション化をどう進めるかという研究プロジェクトもありました。今日まで、いろいろな意味で、それぞれの先生方が、それぞれの場で非常におもしろく、また有意義な研究を通じて活発に活動されてきました。そうした例を、これから3人の先生方にお話しいただきます。

最初のスピーカーは、横浜国立大学の藤江先生です。究極の物質循環と言えば、自然系で生産されるバイオマスをどう有効に使っていくか、バイオマス社会は一つの究極の姿になります。続いて、琉球大学の伊波先生。沖縄という一つの島の中で、どのように完結したゼロエミッションを考えていくことになるかのお話。そして、大阪府立大学の吉田先生。高温・高圧の水を使って有機性の廃棄物から付加価値の高いものをつくり出し、それを実際に大きなスケールでプラント化された、というお話です。

もちろん、大学関係では、他にもたくさんの方々が活躍されています。国連大学のゼロエミッションフォーラムがここで終了したからといって、もちろん研究が終わるわけではありません。むしろ、発展的にサステナビリティを考えていか

なくてはならないのが今の時代です。

　2000年以降、地球がだんだん縮んでいくように、情報距離が短くなり、地球全体の様子がコンピュータシミュレーションで目に見えるようになり、そして経済的にも全体が一体化することによって、どこにも不思議な、隠れた場所、見えない場所がなくなってしまった、この地球をどういうふうに考えていくのか、というのがサステナビリティの課題です。地球上の人口は、1950年に26億人でしたが、1990年に60億人を超えました。国連の人口局の推定では、2050年には92億人、今よりも5割人口が増え、しかも地球はますます小さくなっていく、こうなったら一体どうすれば人類を地球が支えていくことができるのか。ゼロエミッションはもちろん一つのファクターですが、それを超えて低炭素社会、そして生物多様性も含む自然共生、加えて安全・安心な生き方、暮らしをどうつくっていくのか、そういうコンポーネント（構成要素）を持ったサステナブルな社会づくりに、これから私たちが進んでいくことになるだろうと思います。

　そういう流れの中で、今、国の環境政策に関しては、「環境基本法」に基づく「第3次環境基本計画」（2006年）が動いていますが、じつは大体今のような考え方はもうすでにその中に組み込まれています。それから、2007年に当時の安倍首相の要請で中央環境審議会で立案された「21世紀環境立国戦略」の中でも、持続可能な社会として、低炭素、循環型、そして自然共生の三つのコンポーネントとして強調されています。最近、政権が交代して、マニフェストに2020年までにCO_2 25％削減と

いう文言があったり、オバマ米大統領との間では2050年にCO$_2$ 80％削減という合意がされたり、それまでのサミットからの流れもありながら、単発的な状況しか見えてこない面もあります。しかし私たちとしては、実際には着々と、持続可能な社会をどのようにつくり上げていくかという準備をしていく必要があると思います。

　2000年直前に、この場所（国連大学ウ・タント国際会議場）で、シュミット・ブレークさん、カール・ヘンリック・ロベールさんなどを海外からお招きして国際シンポジウムを開きました。それがスタートになって、ゼロエミッションフォーラムがつくられました。当時、非常に積極的に応援していただいたのが、山路敬三前会長（元日経連副会長、2003年12月逝去）です。今ここにおられたら、どういう思いを持たれるか、大変気になるところもあります。

　山路さんをはじめ、ゼロエミッションフォーラムとパラレルに動いていた日本学術振興会のゼロエミッションシステムに関する産学交流委員会を支えていただいた産業界の方々、それから、地域のゼロエミッションのシンポジウムなど、この10年の間ZEFの活動を地道なお力で支えられた坂本憲一さんに大変お世話になりましたことを、この場をお借りして御礼申し上げたいと思います。ほんとうにどうもありがとうございました。

プランテーションでの
バイオマス利活用の
促進と課題

藤江幸一（横浜国立大学大学院教授）

はじめに

　私は、持続可能な社会の実現を目指して、ゼロエミッション、あるいは資源循環の研究をさせていただきながら、CO_2に代表される温室効果ガス（GHG）の排出削減で注目されるバイオマスを研究しています。

　我が国には、環境問題の解決や生態系の保全、温室効果ガスの排出削減のために、バイオマスのエネルギー化などバイオマスを有効に利活用する目的で国家戦略「バイオマス・ニッポン総合計画」があり、多様な研究とプロジェクトの取り組みが全国各地で進んでいます。しかし、そのコストや物質・エネルギー収支を考えると、この目的で国内のバイオマス利活用事業を持続することは困難が多いように思われます。

　そこで私は、特にインドネシアでのバイオマスの生産、あるいは利活用の状況——熱帯のプランテーション地域でどんなことが起こっているのか、またどんなことができる可能性があるのかについてお話をさせていただきます。海外におけるバイオマスプロジェクトは、日本にはあまり関係ないと思われるかもしれませんが、直接的・間接的に大いに関係があります。直接的には、日本がアジアの国々、とりわけインドネ

シア等々のプランテーションで生産されたバイオマスを原料として大量に輸入しているためです。間接的には、プランテーションが行われているインドネシア等々の農村地域で、そのバイオマス、あるいはバイオマスから生じるエネルギーを使って自立的な地域社会をつくることができれば、その国にとってもハッピーなことです。同時に、そのことにより世界全体の化石燃料の消費、需要が減れば、わが国にとってもありがたいことです。

インドネシアでのパームヤシのプランテーション

インドネシアでバイオマスの増産、利活用の対象として挙げられるものには、パームヤシ(アブラヤシ)、キャッサバ(トウダイグサ科の落葉低木)等々があります。今、これらのプランテーションは非常な勢いで拡大しながら、スケールメリットのある効率的な生産ができる規模になっています。さらにプランテーションの産物であるパームヤシとサトウキビを加工する工場では、エネルギー的に自立しています。むしろ、若干余裕があるくらいで、エネルギーを外部に供給することも可能な状況にあります。

一方で、プランテーション内の作物を育てる土壌に今、問題が生じています。土壌の有機物がどんどん減少して、いわゆる地力の低下が起こっています。また、産物を加工する工場からは、大量の排水やCO_2、廃棄物が発生し、環境負荷が増大しています。

2006年、このような状況下でインドネシア政府は大統領令を

出し、国内で消費される液体燃料の10%をバイオ燃料に切り換えようと計画しています。この最大の理由は、インドネシアは石油輸入国で、石油の値上がりが国内の経済だけではなく、社会の安定に大きな影響力を及ぼすためです。少しでも外貨を使わずに安定した国内の状況を保つために、バイオマス燃料をより多く使おうという計画が立てられました。そのため、キャッサバからバイオエタノールを生産することとか、ヤトロファ（南洋アブラギリ）からBDF（バイオディーゼルフュエル）を生産して使おうと、今、計画が進んでいる状況です。

　このような国内事情もあり、従来オイルパームと言えば、生産高のトップはマレーシアでしたが、マレーシアとインドネシアの生産高が逆転して、2007年からインドネシアがトップの座に就いています。

1）パームヤシのプランテーションとパームの加工工場

　我々は、インドネシア、スマトラ島の一番下にあるバンダルランポン市（ランポン州）を調査研究の主な対象にしています。

　インドネシアでは、日本の旧科学技術庁に相当する「科学技術評価応用庁」（BPPT）が、キャッサバからバイオエタノールをつくり、それをガソリンに10%混ぜて車を走らせる試験をすでに行っています。

　我々が現地で見たバイオエタノールを生産するエタノール蒸留装置は、石油ショック後のわが国がインドネシアに無償供与したもので、二十数年ぶりに錆を落とし、ペンキを塗り直して稼働させている年代物でした。現在では、新たに規模

の大きい工場が建設され、稼働を開始しています。

　スマトラ島のプランテーションを空から見ると、街道沿いに集落と田畑があり、パームのプランテーション（一部、色が変わった所もある）があります。じつは、非常に広大な、何万ヘクタールという面積のプランテーションの中の集落それ自体が一つの村になっています。（写真3-1参照）

　プランテーションでは、パームの木を切り倒した後に苗を植えると、5年から7年経つと実が生ります（写真3-2）。そして、25年ほど経つと切り倒され、また新たに苗木を植える、というサイクルを繰り返します。

　パームの木が一本残らず切り倒された後のプランテーションでは、地面がむき出しになった箇所も多く見られ、降雨時の土壌流出に加えて、生態系に対するインパクトは大きいだろうと思います。ここに棲息していた生きものたちは、木がすべて切り倒されると生存しにくくなるからです。

　パーム油をつくるには、パームの実を収穫し、工場に運び込み、それを加工します（写真3-3参照）。アブラヤシの果房

写真3-1　空から見たパームのプランテーション／写真3-2　パームヤシと果実

写真3-3 パーム油精製工場の外観
（ヤシ空花房（EFB）の積み出し／蒸熱炉）

（フレッシュフルーツバンチ＝FFB）は、パーム油の分解・劣化の原因となる酵素を失活させるために、130～150℃のスチームで100分程度加熱（蒸熱処理）されます。その後、圧搾して油を絞り出し、水分を取り除いて、粗パーム油（クルードパームオイル＝CPO）が出来ます。その過程で排出されるその絞りかすの中の繊維分は油を含み、燃料にとても都合がいいものです。これをボイラーで燃焼させて蒸気をつくり、蒸熱処理に使います。さらにこの蒸気でタービンを回して電力をつくるので、スタートアップ時を除いてエネルギー的に自立しており、工場内の運転エネルギーを賄うことができます。

　油を含む絞りかすの中の繊維分を燃焼した灰には、肥料成分のカリが含まれています。熱帯土壌は、カリが不足しているので、プランテーションに戻して、施肥されます。絞りかす以外には、ヤシの空果房（エンプティーフルーツバンチ＝EFB）が排出されます。本来は大気汚染防止等の観点から単純焼却は禁止されていますが、現実にはそのまま焼却され、その灰はプランテーションに戻され施用されている場合が多いようです。

2）パーム製油工場での物質収支

　ランポン州の国営プランテーション併設のパーム製油工場での物質収支を調査しました。1時間に40トンのFFBを処理する工場では、粗パーム油（CPO）とカーネル油（種からとれる油）の両方を毎時9.66トン生産しています。一方で、毎時18トンを超える絞りかすの中の繊維質とヤシの空果房が排出されていました。

　この40トンのアブラヤシのFFBには、12トンの有機炭素が含まれています。これを加工すると、炭素としておよそ6.6トンの粗パーム油と0.7トンのカーネル油が生産されます。これを基準（100％）とすると、FFBに含まれる有機炭素の57％が回収できたということになります。残りの41％は、加工残さ（絞りかすの中の繊維分など）であり、約3％は排水として流れていきます。

　排水に関しては、素掘りのラグーン（ため池）に流し込み、微生物による分解・浄化を期待していますが、排水が流れ込んだラグーンでは、バイオガスの泡がぼこぼこ底から湧いて出て、大量の温室効果ガス（GHG）であるメタンとCO_2が発生しています。

　バイオガスの発生の度合いが、どのく

写真3-4　ラグーンに貯留された排水

らいすごいか知るために捕集して、その発生量と成分を分析してみました（写真3-4）。測定したデータによると、工場からの排水中に含まれる有機炭素を100とすると、そのうちの33％がメタン、41％がCO_2になっていました。合わせて74％の有機炭素が、温室効果ガスになって環境中に出ています。

この結果をもとに計算すると、粗パーム油1トンをつくると、CO_2換算で500キロ、あるいはそれ以上の温室効果ガスが、排水が原因となってラグーンから排出されていることになります。パーム油をつくっている工場では、かなりな量の温室効果ガスを排出していることがおわかりいただけると思います。

ラグーンからの放流水は、とても公共用水域に流せるような水質にはならないので、プランテーションの灌漑用に使われています。

プランテーション造成時の温室効果ガスの発生

1）パームのプランテーション

一方でまた別な課題もあります。もともとインドネシアでは泥炭地帯が多く、パームのプランテーションを造成するには、通常、湿地帯の土を乾燥させるために水を抜かなければなりません。しかし厄介なことに、湿地帯の水を抜いてパームの木を植えると、今まで水中にあった泥炭が地上に露出して空気に触れ、急激な好気的生物分解が起こり、大量のCO_2を発生します。したがって、新たに泥炭地にプランテーションを造成した土地では、地面からかなりの量の温室効果ガスであるCO_2が発生していると想像できます。

さらにプランテーションでは、土壌中の有機物がかなり減っているという課題があります。山を切り拓いてプランテーションを始めると、畑でも同様ですが、もともと土壌中にあった有機物がどんどん減っていきます。雑木林を切り拓いて農地にした場合ですが、もともとあった有機物、有機炭素がどれくらい減っているかというデータがあります。その調査結果によると、土壌中に含まれている、窒素のような肥料成分もどんどん収奪されて土壌がやせていくという状況になっています。

　これと同じようなことが、今プランテーションでも起こっていて、パームの木の根っこの周りには有機物が少ない、下草も生えないような状況になっています。それで、パームのプランテーションでも慌てて、パームの木の周りに円状に牛糞を堆肥化して施用してみたり、「カバークロップ」という窒素固定ができる種類の植物を植えて、有機物と窒素分の供給を行うといった取り組みも行われており、非常に危機感を抱いています。

　研究の過程で得られた情報ですが、何がパームの生育を支配しているかというと、年間の降水量が2,000～4,000ミリぐらいあるとパームはよく生育するということです。1ヘクタール当たり200キロとか300キロの窒素肥料をプランテーションに施肥しないと満足できるパームの収穫は得られないこともわかりました。この窒素肥料の量は、日本の農地で、例えば稲作等で施肥している窒素量と何ら変わるものではありません。やはり相当量の肥料をプランテーションでも撒いていることがわかりました。

2) サトウキビのプランテーション

　スマトラ島のサトウキビのプランテーションでも、今、土壌有機物の不足が深刻な問題になっています。砂のようになってしまった熱帯の土壌で、有機物源として注目されるのがバガス（サトウキビの搾りかす）です。バガスは、パームの搾りかすと同様にエネルギー源として使われており、サトウキビの加工工場（製糖工場）の運転エネルギーはこれで賄われています。

　バガス以外にも、サトウキビの製糖工場から出るフィルターケークも堆肥化して、畑の土壌に入れれば、少しでも有機物が減るのを抑えられるのではないかと考えられています。

　サトウキビのプランテーションの中には、じつはバイオマスはいっぱいあります。両側にサトウキビの畝(うね)があって、畝の間には枯れた葉や茎が落ちます。有機物源として、これを使えばいいと考えられますが、サトウキビを収穫する前段階で、これに火をつけて葉を一緒に燃やしてしまいます。そうしないと収穫が大変なのだそうです。この葉っぱのバイオマスは残念ながら利用できません。（写真3-5参照）

　我々は、サトウキビの工場でも物質フローの解析をしています。

写真3-5　サトウキビ畑のバイオマス

ある工場では、1日に1万2,000トンのサトウキビを加工し、1,020トンの粗糖を生産しています。この生産量は膨大な規模で、おそらく沖縄の製糖工場に比べると2桁近く違い、規模で勝負したら到底勝ち目はありません。サトウキビの値段も、沖縄に比べると10分の1程度で、もし日本がエタノールを本格的に生産するとしても、国産のサトウキビを使ったのでは、量、価格とも到底、勝ち目はないということになります。

3）キャッサバのプランテーション

キャッサバのプランテーション（写真3-6）でも、やせた土壌の問題が顕在化しつつあります。また、キャッサバのイモからつくるタピオカデンプンの工程でも、排水処理の問題が深刻です。1時間に750トンのイモを処理する工場では、イモに含まれていた有機炭素の20％が排水中に排出されます。その排水中の有機炭素は、先述したパームのラグーンよりも、温室効果ガスであるメタンとCO_2をもっと大量に発生しています。

どのくらいの温室効果ガスが発生しているのか物質収支を解析してみたところ、タピオカ1トン当たり、つまりデンプンを1トンつくるの

写真3-6　キャッサバ畑とイモ

に、温室効果ガスの発生がCO_2換算で1トン（1,000キロ）を超えることがわかりました。

　キャッサバに限らず、バイオスから製品を生産する過程では、相当量の温室効果ガスが出ていることが容易にわかります。ちなみに、デンプン1トンの製品をつくるためにどのくらいの有機炭素が排水中に出ているのか、サトウキビ、アブラヤシ、キャッサバを比べてみました。

　その結果、キャッサバの数値が圧倒的に高く200キログラム、アブラヤシがその次で約40キログラム、サトウキビは3.5〜7キログラムとわかりました。つまり、サトウキビの排水を処理しているラグーンからは、メタンはほとんど出ないことがわかりました。

　キャッサバを使い、バイオエタノールを製造する事業がすでに始まっています。私どもが調査を行っているスマトラでも、大きな工場がつくられています。その物質収支、エネルギー収支の解析をしてみました。

　その結果、1時間に50トンのキャッサバを処理できる工場では、生産されるバイオエタノールのエネルギーよりも、それをつくるために使うエネルギーの方が少し大きいことがわかりました。例えば、1トンのキャッサバから114キログラムのバイオエタノールが生産されますが、この生産過程のエネルギー収支を解析すると、1リッターのバイオエタノールを生産するのに27.9メガジュールのエネルギーを使い、同量のバイオエタノールが持っているエネルギーは21.1メガジュールで、差し引き6.8メガジュール足りません。

　バイオエタノールは、エネルギー収支のみを考えると良い

結果にはなりませんが、波及効果等も含めて事業化の可能性を検討すべきであると思います。

調査結果のまとめ

　パーム、サトウキビ、キャッサバを燃料油として利用した場合、1ヘクタール当たりの生産量はどのくらいになるか調べてみました。

　パームからBDF（バイオディーゼルフュエル）を製造する際のエネルギー消費を考慮しなければ、1ヘクタールの土地から3〜4トンぐらいのBDFを生産できます。

　キャッサバとサトウキビをそれぞれエタノールにした場合、エタノールを製造する際のエネルギーを考慮しなければ、キャッサバは1ヘクタール当たり、大体3〜4トンの生産量に、サトウキビは1ヘクタール当たり、約4〜5トンの生産量になるだろうと予測されます。

　製造過程で消費されるエネルギーを考慮すると、1ヘクタールの土地から生産できるBDF量は2〜3トンに減少します。エタノールの製造では、蒸留に大量のエネルギーを必要とします。サトウキビの搾りかすであるバガスが燃料に使われますが、エネルギー収支を評価すると、生産される正味のエネルギー量はわずかであるとの報告があります。インドネシアでは、キャッサバを原料としたエタノール製造の燃料に石炭を利用しています。このような製造時のエネルギー消費を考慮すると、1ヘクタールの土地から生産される正味の燃料の量は、最大でも2〜3トン程度に過ぎないものと考えられます。

次に、土壌の肥沃度、土壌の地力を今後どうしていくかということが課題になります。これからは、土壌に着目した検討がより必要になると思います。パームやサトウキビの工場では、バイオマスもエネルギーも若干余っていますが、バイオマスをどこまで土壌に還元し、どの程度はエネルギーとして使うのか余剰分バイオマスの振り分け方を適切に行うことが必要であり、そのための情報提供をしていかなければならないと思います。

　余剰分バイオマスについて、土壌に返すものと、エネルギーとして使っていいもののバランスがうまくとれるようになれば、プランテーションからどれだけ正味エネルギーを持ち出せるかが明らかになり、持続可能な自立型地域社会の実現に貢献できると思います。どんな地域社会ができるのか、あるいはそれは難しいのかを見極めるためにも、物質収支、エネルギー収支、環境生態系への負荷、土壌の地力等に着目した調査研究がますます必要です。

学際から超域へ──ゼロエミッション研究を通して

伊波美智子（琉球大学教授）

　今日は、前半で沖縄のゼロエミッション活動を紹介し、後半で今後のゼロエミッション研究の展開方向についてお話ししたいと思います。

沖縄とゼロエミッションの係わり

　沖縄におけるゼロエミッション活動は、ゼロエミッションフォーラム（以下、ZEFと称す）結成（2000年）を境に、それ以前と以後の二つの時期に分けることができます。

1）沖縄のゼロエミッション活動「第1期」

　国連大学のゼロエミッション（以下、ZEと称す）活動は1994年に始まりましたが、ZE活動と沖縄の係わりは1995年にさかのぼります。私が、「ゼロエミッション」という言葉に初めて出合ったのは、1995年4月の『日経新聞』紙上で「第1回ゼロエミッション世界会議」が特集された時でした。当時、私はマーケティングの観点から、ごみ減量の鍵となるリサイクルに関心を持っていましたので、その秋に早速、国連大学に学長顧問のグンター・パウリ氏を訪ねました。その際に、国連大学高等研究所プロジェクトマネジャーの鵜浦真紗子さんにも会い、3人は意気投合して、沖縄での活動のことなどをい

ろいろ語り合いました。人の縁とは不思議なもので、東京から帰るとすぐに琉球大学の45周年記念事業として環境関連の企画を出してほしいという話がありましたので、翌96年の1月にグンター・パウリ氏に講演をしていただきました。

　そして、同年7月に開催された「地域発ゼロエミッション全国ネット東京会議」では、「製糖業を核とした沖縄版ゼロエミッションモデルの提案」という演題で発表させていただきました。翌1997年2月、荏原製作所のご支援により、「離島のリサイクルを考える／ゼロエミッションの地域づくり」を沖縄で開催しました。2日間にわたっての講演会、シンポジウム、ワークショップは、地元の新聞にも大きく紹介され、連載記事になりました。ZEモデルには大変大きな反響があり、翌（1998）年に第2回目のゼロエミッションフォーラムとして「美しい地球をこどもたちに──アジェンダ21おきなわ」を開催しました。フォーラムの他にも、スウェーデンやドイツの事例を紹介したテレビ番組、地元の環境企業を紹介するラジオ番組を制作するなど、「ZEコンセプト」に関する広報活動は、一定の成果を上げたものと自負しています。これらの事業は、ZEコンセプトに賛同する友人たち、そしてZEFの皆様のご支援あってこそ為し得たものであることは申すまでもありません。

　その結果、2000年3月には沖縄県が国からの補助金を得て、「ゼロエミッション・アイランド沖縄構想」が作成されました。その際に、藤村現ZEF会長、山路前ZEF会長（2003年12月逝去）、鈴木先生、三橋先生を委員として沖縄にお迎えし、いろいろなアドバイスをいただきました。その年、「国連大学ゼロエミッションフォーラム」がスタートし、沖縄におけるZE活動は

「第2期」に入りました。

2) 沖縄のゼロエミッション活動「第2期」

2000年11月に那覇市長選挙が行われ、その時当選したのが翁長雄志現市長です。当時、ごみ焼却炉の建設が議論の的になっており、ごみ焼却炉建設に時を合わせてごみの減量を意図するということで、翌2001年、市長は那覇市に「ゼロエミッション推進室」（私も参与として3年勤務）を新設しました。その記念事業として、2002年1月、「ゼロエミッションフォーラム・イン・なは──第1回結卓(ゆんたく)会議」を開催し、山路前ZEF会長、三橋先生にご講演をいただきました。また、同年3月、「那覇市ゼロエミッション基本構想」を策定するに当たっては、山路前ZEF会長が委員長を務めてくださいました。

その後、2003年に沖縄本島中部地域でエコタウン事業の調査事業が行われ、2004年に先述した「ゼロエミッション・アイランド沖縄構想」を受けて、宮古圏域の推進調査が行われました。そして2008年6月、宮古島の「エコアイランド宮古島宣言」を記念して「ゼロエミッション・イン・宮古島2008」が開催され、藤村ZEF会長、鈴木先生、坂本先生に宮古島までご足労いただきました。

3) ゼロエミッションコンセプトの成果例

沖縄では、ZEコンセプトを参考にした商品が数多く開発されています。

サトウキビを事例にすると、砂糖はもちろん、従来は廃棄物であった糖蜜からバイオ燃料が開発され、注目されていま

す。サトウキビの葉は染料として利用され、淡いうぐいす色の織物が高価な土産品として好評です。

泡盛の搾りかすを利用した「もろみ酢」は、健康飲料としてヒット商品になりました。その他、沖縄の在来植物であるハイビスカスや月桃、海産物のモズク、沖縄のきれいな海をイメージした、ミネラル成分が豊富な天然塩や海洋深層水などからつくる沖縄コスメもよく売れています。

また、廃ガラスを原料にした軽量骨材の開発、あるいはホテルや学校給食から出る食品廃棄物を飼料に利用した豚肉、食品廃棄物を堆肥として使った有機野菜など、事例には事欠かないほどいろいろなアイデアが事業化されています。

ゼロエミッション研究の今後の方向

1）学際研究と超域研究──inter-disciplinaryアプローチとtrans-disciplinaryアプローチ

これまで、さまざまな実践活動をしてくる中で、ZEFから多くのことを学ばせていただきました。例えば、スウェーデンのナチュラルステップの「バックキャスティングの発想[*]」などはたいへん使いでがあるものではないかと考えています。

ZEはこれまで、学際研究（複数の学問体系の共同作業により新たな知を共有する研究方法）として、複数の分野で研究されていました。今後は、超域研究（既存の学問体系の枠組

---

[*]編集部註：バックキャスティング＝あるべき姿を描いて、つまり成功した状態から現在を振り返り、では今から成功した状態までどのようにしていくかを考えプランを立てるもの。（小社刊『日本再生のルール・ブック』より引用）

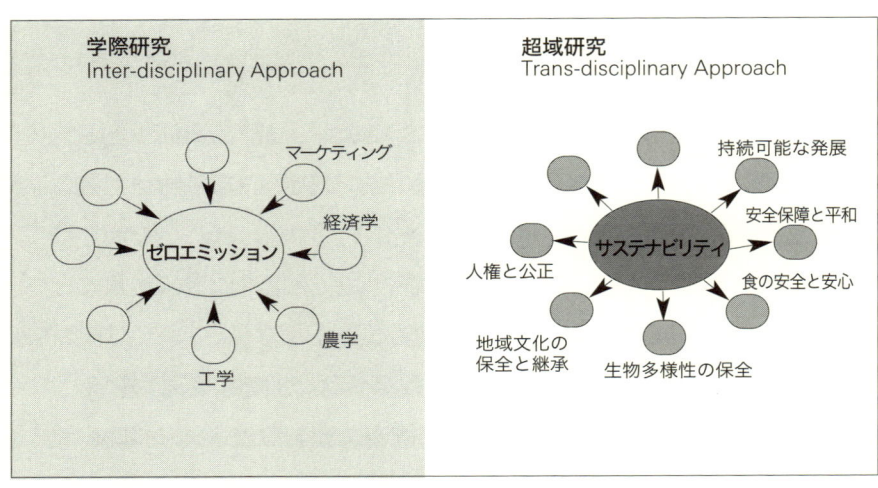

図2-1　学際研究と超域研究

みが崩れて、そこから新しい学問体系が生じてくるような研究方法）に発展していくことと思われます。

　もう少し具体的に言えば、これまでのZEの研究は学際研究として、私の専門分野であるマーケティング、経済学、農学、工学などいろいろな学問分野から研究されてきました。今後は、図2-1の矢印の方向がサステナビリティから進化するような形——例えば、持続可能な発展、安全保障と平和の問題、食の安全と安心の問題、人権と公正の問題、地域文化の保全と継承、生物多様性の保全など、今話題になっている分野——になり、超域研究対象の分野になっていくものと思われます。要するに、サステナビリティを核として、いろいろな新しい学問がそこから生じてくるのではないかということです。国連大学でも、2009年1月に、「サステナビリティと平和研究所」が発足したと聞いています。大きな流れとしては、そういう方向に行くのではないかと考えています。

「サステナビリティ」を考える際には、パラダイム・シフト、すなわち思考の枠組みを変えていく必要があります。次にサステナビリティを学問として体系化するためのキーワードとして、「サステナビリティ」「システム思考」「複雑系」という言葉を取り上げてみたいと思います。

2) 超域研究として体系化していくためのキーワード──その1「サステナビリティ」

「サステナビリティ」と言うと、「持続可能な企業であるためには、利益を上げなければならない。そのためには、環境を多少犠牲にしてもいい」などと勝手に解釈されることがあります。しかし、サステナビリティとは、単なる一企業のサステナビリティではなく、地球規模での生命存続の全体に係わるエコロジカルなサステナビリティのことです。

「エコロジカル・サステナビリティ」とは、どういうことかと言えば、「エコシステムが健康であること」と、私は定義したいと思います。この「エコ」は、ギリシャ語でオイコス（家）の意味を持ち、エコロジー（生態系）のエコも、エコノミー（経済）のエコも同じ語源です。

「エコロジー」と言えば、一般的に自然界の「ナチュラル・エコロジー」（自然の健康）を指しますが、私たち人間が住んでいる社会の「ソーシャル・エコロジー」（社会の健康）も考えなければいけません。

「ゼロエミッション」は、資源循環という社会のメタボリズム（代謝）を考えることですから、自然に大きな負荷を与えている人間社会が健康であることが前提になります。また、

その社会を構成しているのは人間ですから、人間の健康、体の健康だけではなく心の健康を含めたヒューマン・エコロジー（人間の健康）も考えていく必要があるのではないかと思います。「ナチュラル・エコロジー」「ソーシャル・エコロジー」「ヒューマン・エコロジー」は、それぞれが関係し合っているのです。

3）超域研究として体系化していくためのキーワード──その2「システム思考」

　二つ目のキーワードである「システム思考」は、自然、社会、人間をシステム、すなわち「時空を越えた存在」としてとらえることです。時間的に言えば、サステナビリティは世代を超えた長期的視野で考える必要があります。よく言われる、「世代間の公平」です。空間的に言えば「地球規模」、あるいは人間社会だけではない「生命圏」という視野が入ってきます。世代間公平、地域間公平、生命の循環を考え、サステナビリティを学問として体系化していくためには、システム思考が鍵となるということです。

4）サステナビリティを学問として体系化していくためのキーワード──その3「複雑系」

　三つ目のキーワードは「複雑系」です。自然、社会、人間は、システム全体を構成する個々のシステムの関係性によって時間的、空間的に変化していきます。この「関係性」と、「変化」という言葉に注目する必要があります。

　先述した図2-1のように、サステナビリティを核とした多様

な分野は、多様な構成要素で出来上がっています。それらは、構成要素間の連携、相互依存などの「つながりの関係性」によって、多様な結果に変わります。それらはまた、複雑な階層構造を形成していて分割することはできません。

人間の身体はシステムの良い例です。旧約聖書に、「ソロモンの知恵」という話があります。2人の女が1人の赤ん坊を取り合ってソロモンに訴え出た時、ソロモンは「この赤ん坊を二つに分けて、それぞれに渡しなさい」と言いました。すると、1人の女は「それでいい」と言いますが、もう1人の女は、「そんなことはとてもできません。その女にあげていいです」と言いました。そこで、ソロモンは、赤ん坊を分けることはできないと言った女がほんとうの母親であると判断して、その子どもを渡したという話です。

この話のように、1人の赤ん坊の体を二つに分けたら、死骸にしかなりません。手だけ、目だけ、あるいは肺や心臓だけ取り出しても、それはもうすでに人間ではありません。複雑系の学問も、個々のシステムが階層構造を成し、不可分につながっているということを前提としています。

今、地球規模の汚染とか環境破壊と言われている問題も、ある限界を越えると全く予想もつかない状態が出てくるのではないかと危惧されています。人間活動による汚染が進むことで、生命に予測もしない結果が現れてくるのではないかということです。これは「システム境界」と言われますが、私たちは常に、地球の限界を考える必要があるということです。複雑系の研究は、なかなか大変ですが、それだけにまたおもしろい分野でもあります。

超域研究――ゼロエミッションの発展方向

　以上、研究の方向性について述べましたが、環境は机上の学問ではなくて、行動することで前進する学問だと考えています。「Think locally, Act globally」ということです。三橋先生も千葉商科大学で学生と一緒にISO14001を取得されましたが、私の所属する琉球大学でも2007年に「エコアクション21」という環境マネジメントシステムの認証を取得しました。

　持続可能な社会の構築に向けての活動は、船の航海にたとえられることがよくあります。羅針盤がないと船は、方向を見失ってどこに行ってよいか迷ってしまいます。社会もまた羅針盤を持って未来へ向かっていかなければなりません。先にご紹介したスウェーデンの環境教育団体ナチュラルステップは、持続可能な社会を構築するための羅針盤として、四つのシステム条件[**]を挙げています。社会改革のためのプロジェクトが、持続可能な社会の条件を満たしているか、満たす方向に向かうものであるかをチェックするためです。

　社会科学を研究している者にとっての教育は、社会の羅針盤あってこその教育です。どういう羅針盤をつくるのかが今後の課題になっていくと思われます。

　沖縄では、第2次世界大戦の負の遺産として、60年以上も前につくられた米軍基地があります。基地のない沖縄をつくる

[**]編集部註：四つのシステム条件＝①地殻から取り出した物質が生物圏に増え続けない。②人工的に作られた物質が生物圏に増え続けない。③自然が物理的に劣化され続けない。④人々の基本的なニーズが、世界中で満たされている。(小社刊『日本再生のルール・ブック』より引用)

ことが私たち県民の願いですが、今、普天間基地移設をどうするかということが大きな課題になっています。基地の移転は不可能だと政府高官は言いますが、国民の安全を犠牲にして安全保障を語ることは矛盾に満ちています。それはまさに、このシンポジウムの冒頭で三橋先生が、「国民一人ひとりが幸せだと感ずるような社会をつくることが政府の究極の目的ではないか」と言われた問題です。

　基地のない沖縄を目指すことは不可能ではありません。「未来は予測するものではなく、つくっていくもの」だからです。リンカーンが「奴隷解放宣言」をした100年後に、「公民権法」（編集部註：ケネディ大統領が黒人の人種差別を撤廃するために提出した法律）がつくられ、その四十余年後に黒人のオバマ大統領が誕生しました。沖縄に米軍基地が置かれて60年余、沖縄の占領から100年経った時、今と同じ状態で独立国と言えるでしょうか。今から基地のない沖縄を目指して、バックキャスティングを進めていくべきではないかと考えます。

　私は、ゼロエミッションを研究することで民主主義の問題、あるいは平和の問題へと関心が広がっていきました。ゼロエミッションの研究で、スウェーデンに行った時に胸を打たれた言葉があります。「戦争は最大の環境破壊であり、平和は最大の福祉である」という言葉です。

　これで、沖縄からの報告をしめくくりとしたいと思います。

亜臨界水で有機性廃棄物を資源・エネルギーに転換

吉田弘之（大阪府立大学大学院教授）

はじめに

　先ほど、学界ネットワーク代表の鈴木基之先生が、「1997（平成9）年から2000（平成12）年にかけて、文科省の特定領域研究『ゼロエミッションを目指した物質循環系の構築』というタイトルで、100名近くの先生方が集まって4年間研究させていただいた」旨のお話をされました。私もその研究グループの1人に加えていただきましたが、その時から始めた研究を、今日はご紹介させていただきたいと思います。

　21世紀と言えば、人口増加、資源枯渇、地球温暖化、深刻な水・食料不足と、悪いことばかり起こると言われています。2009年6月の国連食糧農業機関（FAO）の発表によると、飢餓人口が同年中に10億2,000万人、世界の6人に1人が飢餓に陥ると言われています。この原因にはいろいろあると思いますが、結局のところ、人口の増加と限りある資源、水、食料の関係から飢餓人口が増えると思います。これを解決するためには、ゼロエミッション型社会、資源循環型社会の構築が不可欠であると思います。

　我々、工学部に属している者からすると、このような社会を構築するための技術の確立が非常に重要であると考えてい

ます。すなわち、ゼロエミッション転換技術、新エネルギー創生技術、廃棄物をエネルギーに変換する技術、水をつくる技術などの構築、あるいはそれぞれの技術を組み合わせたプロセスの構築が、非常に重要になってくると考えています。

　2006（平成18）年度の「産業廃棄物の種類別排出量」によると、汚泥が一番多く44％ぐらい。次に、動物のふん尿が21％ぐらい。残りは、がれき類、あとは木くずとか廃プラスチックです。産業廃棄物のほとんど（汚泥と動物のふん尿に残りの廃棄物を合わせ大体70％以上）が有機性の廃棄物で、廃プラスチックは、注目されている割には1.5％ぐらいしかありません。大都会になればなるほど、汚泥の占める割合が大きくなり、大阪府の場合は69％、東京都では75％が汚泥です。

　次はごみの組成ですが、2002（平成14）年、堺市で調べたデータ（日本中、それほど変わらない）によると、紙が50％ぐらい、あとはプラスチック、繊維、ビニール、ナイロンなど合成ビニール、厨芥など、大体75％〜80％ぐらいが有機性の廃棄物です。最近では、都市に金属物質が集まって「都市鉱山」などと言われていますが、有機物質はそれ以上にたくさん大都会に集まっていることがわかります。

水を反応場に用いる有機資源循環科学の概要

　我々は、この都市の有機物質を資源・エネルギーに変換する研究をしてきました。2002（平成14）年に、文科省が始めた「21世紀COEプログラム」（研究拠点形成費補助金）に申請して、「水を反応場に用いる有機資源循環科学」というテーマで

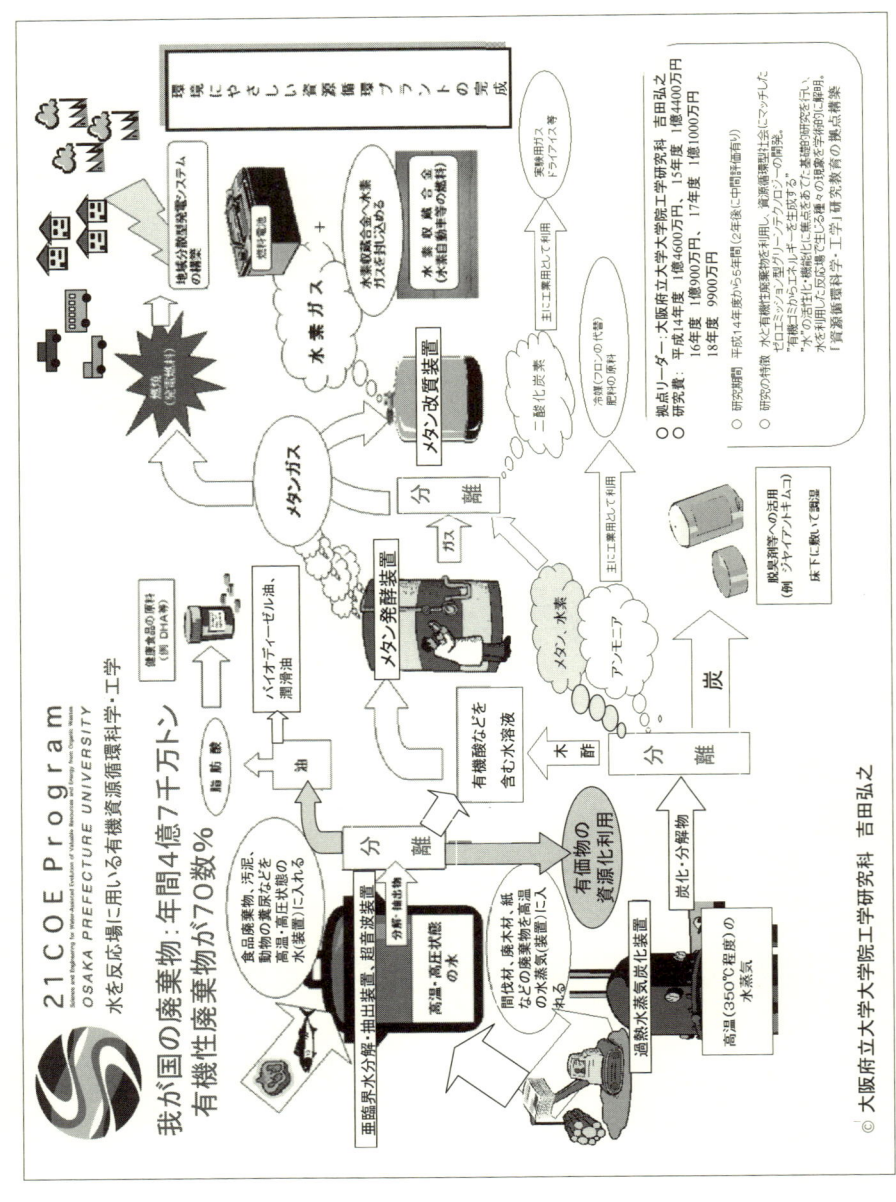

図3-1 水を反応場に用いる有機資源循環科学の概要

採択していただきました。その概要が図3-1です。

　先述したように、我が国の廃棄物は、年間4億7,000万トンぐらい出て、そのうちの70%以上が有機性の廃棄物です。これを、「亜臨界水」という高温・高圧の水を使って分解します。亜臨界水は、加水分解力が抜群で、1分～5分、長くても10分ぐらいで分解します。二酸化炭素まで分解せずに途中で止まります。これらの分解物のうち、高価物質は分離して販売します。残りのそれほど価値のない物質は、メタンガス、水素ガスなどの有価物に転換してエネルギー利用します。

　油は、この亜臨界水に瞬間的にほぼ100％溶けます。この水溶液を常温・常圧の水に戻すと、油は溶けずに水溶液の上に浮くので簡単に分離できます。魚の脂は、DHAとかEPAとか、健康食品の原料になるものがあるので、高く売れます。残りは、バイオディーゼル油とか潤滑油にして販売します。水溶液中には、他にアミノ酸とか蛋白質とかペプチド等いろいろなものが溶けているので、そのうち高く売れるものは分離して売ります。分離した残りは、メタン発酵用に回します。

　メタン発酵は後述しますが、通常、1カ月から2カ月かかる非常に遅い反応ですが、この亜臨界水で分解したものをメタン発酵の原料にすると、1週間以内に終えられます。長くても10日、早ければ1日か2日で終えられます。通常のケースの場合、消化率が最大50％ぐらいですが、亜臨界水で分解してからメタン発酵すると、消化率が大体80％ぐらいに上がります。亜臨界水で分解すると、消化率が上がってメタンの発生量が増え、しかもメタンの発生スピードが上がるということで、大都会でも設置できるメタン発酵装置になります。一たんメタンガ

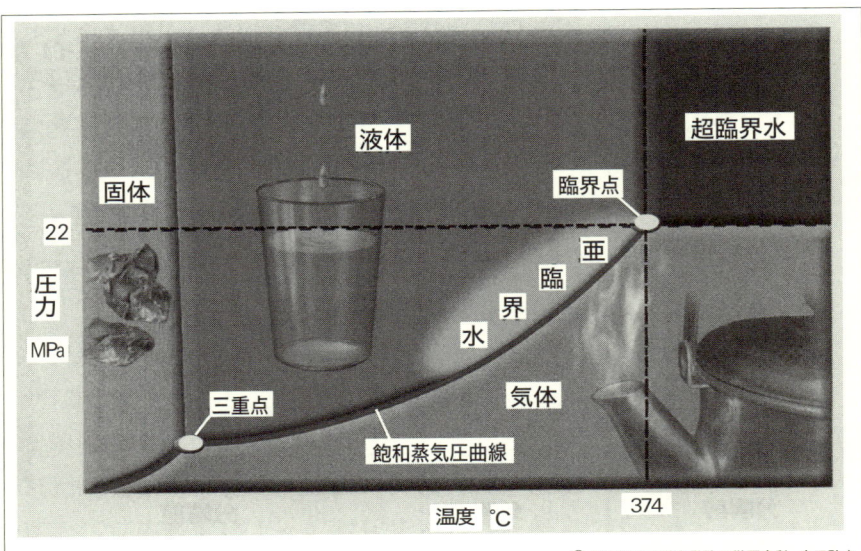

図3-2 水の状態図（水の姿は温度と圧力で変化する）
　　　亜臨界水の特徴（亜臨界水と超臨界水は性質が全く異なる）
1-水のイオン積が250℃付近で最大値を示す
　加水分解力が非常に大きく、固体有機物を短時間に低分子の有価物に分解する。
　超臨界水と異なり、酸化力がほとんどないため、二酸化炭素になるまで分解しない。
2-水の誘電率が温度の上昇とともに小さくなる
　油と同じ性質を示す。
　油分をほぼ瞬時に100％抽出する。
3-臨界点に近づくに従い、加水分解力が衰え、熱分解力が強くなる

スになれば、それを燃料にして発電し電気を配分することや、メタンガスで自動車を走らせること、また、メタン改質装置で水素ガスにして自動車に積んで走らせることができます。

　亜臨界水の特徴は、図3-2のようです。なお、亜臨界水と超臨界水は性質が全く異なります。

「亜臨界水」の可能性

　亜臨界水は、廃棄された有機物質を資源・エネルギーに変換するのに、どこでも手に入れられる全く無害な水を使える

ので、「一石三鳥」ほどのメリットがあります。まとめてみると、①有機性の廃棄物を加水分解して有価物に転換する、②油をほぼ瞬時に完全に抽出する、③亜臨界水で前処理するとメタン発酵が高速・高効率にでき、経済性が高くなる可能性がある、ことです。

我々は、いろいろなものに試してみて、かなりおもしろい結果を得ていますが、ここでは、生ごみの例として魚のあらと大都市で大量に排出される汚泥の二つについて紹介させていただきます。

1）魚のあら（魚腸骨）から得られるもの

アジの背骨を亜臨界水（200℃）に10分間反応させると、背骨が粉末に、あるいはフレーク状になります。背骨から脂が抽出・分離されて、非常にいい脂が取れます。この水溶液には、水溶性のたんぱく質、ペプチド、アミノ酸、乳酸などいろいろなものが入っています。次にアジの肉部を、200℃、300℃、350℃で各5分間ずつ反応させた場合を見てみました。200℃に5分間反応させた場合、身の部分は90％分解しますが、10％残りました。300℃の場合、脂がたくさん取れて、身が1％ぐらい残りました。350℃の場合、身の部分は全くなくなりますが、脂も分解して減ってしまいました。

実験の結果、亜臨界水の加水分解には、適当な操作条件が必要とされることがわかりました。250℃付近をピークに、たんぱく質が加水分解して得られる。経時変化は、大体5分から10分ぐらいで反応が終わる、こともわかりました。水溶液からは、脂質と重要なアミノ酸であるアラニン、グリシン、ロイ

シン、ヒスチジンが得られています。

このように、魚のあらは、いろいろなものに資源化できます。その残りは、メタン発酵させるとメタンガスに変わりますので、すべてを使い尽くすゼロエミッションプロセスが構築できます。

2) 魚のあらを資源化した場合の試算

琵琶湖で、外来種の淡水魚・ブルーギルを退治し、水を入れずにミンチ機でまるごとつぶし、連続プラントの亜臨界水処理装置に入れて実験してみました。水のような水溶液が出てきて、上には脂が浮いていました。我々は、このサンプルを滋賀県庁に持って行き、亜臨界水処理装置を導入するよう提案しました。環境に熱心な現滋賀県知事なら採用してくれたかもわかりませんが、前知事は我々の提案を採用せず、代わりにごみ焼却装置をつくりました。

簡単なフィージビリティスタディ（企業化調査）ですが、わが国では年間130万トンの魚のあらが発生して、大体1トン当たり5〜8万円の焼却費がかかっていると言われています。平均値をとり6.5万円とすると、845億円の焼却費をどぶに捨てていることになります。

亜臨界水処理装置を導入すると、実際にいろいろな有価物がとれます。乳酸は、生分解性プラスチックの原料になります。これを1キロ100円（日本でコーンが上がる前の値段が370円でしたが）で売ったとしても、年に5.2億円ぐらい儲かります。その他、油はディーゼルオイルの原料として、年に約67億円、また健康食品DHP、EPAの原料として年に約243億円。骨

はボーンチャイナ、電子材料、固体分離剤用の原料に年に約89億円。水溶液は液体肥料、栄養価の高い肥料の原料として年に173億円、合計577億円。装置を動かすエネルギーなどのランニングコストが110億円かかったとしても、差し引き467億円の利益が出ます。その上、焼却処分が不要なので、この分を算入すると1,300億円ぐらいの利益が出ます。ぜひとも使っていただきたいのですが、まだどこにも採用されていません。

3）下水から得られるもの

　人口が多い大都会は、下水道の普及率が高く、下水道の普及率が高くなれば、下水の発生量も比例して増えます。一方で、行政は右肩上がりで増え続ける下水の処理に非常に困っています。大都会であればあるほど捨てるところがないので、その処理には莫大なお金がかかります。東京でも、私の住んでいる堺市でも、下水は活性汚泥処理をして、余剰汚泥をパイプラインで一箇所に流します。それを含水率80％ぐらいに落として（それぐらいまでしか絞れない）、焼却処分しています。その結果、大量の灰が出て、それを捨てるところがないので、1,300℃ぐらいの熱で溶融します。行政は、下水の汚泥をものすごいお金をかけて溶融し、東京ではその溶融スラグ（燃えかす）を路盤材に使っているようですが、大阪ではほとんど使っていません。結局、ごみの最終処分場へ持って行きます。

　2003〜2004（平成15〜16）年に「下水汚泥の処理方式と最終安定化先」を調べたところ、焼却処理が72％、溶融スラグ化まで行っているのが8.9％で、これが大都会の処理方式の割合です。そこで、我々は、年間2億1,000万トンぐらいの余剰汚泥が

発生して、今までは、そのほとんどを大量の石油を使って焼却していたものを、ちょっと絞って亜臨界水処理をし、あとはメタン発酵に回すことを提案しています。

　そうすると、まずリンがとれます。下水は活性汚泥処理される過程で、リン酸が微生物の体の中に濃縮されています。それを亜臨界水で分解すると、濃厚になったリン酸が外へ放り出されます。それを回収して資源化します。

　一般的に、リン鉱石はこれからどんどんとれなくなるので、排水からリン酸を回収して資源化しないと日本はもうだめだと言われています。しかし、排水に含まれるリン酸濃度は、公害問題の上からは濃くても、資源回収するにはまだ薄いのです。それより下水汚泥を亜臨界水で分解すれば、分離コストはかなり安くできます。

　その他、下水汚泥からは、乳酸とかいろいろなものがとれますが、その乳酸で生分解性プラスチックをつくり食器などに使われるとイメージが悪いので、肥料、工業原料用のリン酸以外は全部メタン発酵へ回します。メタン発酵に回すと、発電効率30％として、普通に発電するだけで、我が国の総発電量の0.45％が見込めます。また、コジェネレーションシステムや発電効率のよい発電機を使えば、さらに発電量が増え、かなりの電力がつくれるのではないかと思います。

メタン発酵に強い亜臨界水処理

1）メタン発酵の仕組み

　固体状の有機廃棄物を亜臨界水処理するとメタン発酵が速

くなりますが、その原理を少し述べてみたいと思います。

普通のメタン発酵は、17〜18種類の微生物の共同作業で行われます。まず「加水分解菌」が固体状の有機物を食べて、水に溶ける物質に変えます。その水に溶けた物質を、今度は「酸生成菌」が食べて、主に酢酸をつくります。この酢酸を「メタン生成菌」が食べてメタンガスをつくるというプロセスになっています。加水分解菌と酸生成菌のする仕事は、30日〜60日かかります。いったん酢酸になると、3時間〜8時間でメタン発酵が終わります。

一方、固体状の有機物は、亜臨界水処理すれば加水分解反応が抜群によく、加水分解菌と酸生成菌の30日〜60日かかる仕事を、速くて1分〜10分、長くても30分で終わってしまいます。メタン生成菌の仕事は、いったん酢酸になると通常3時間〜8時間かかるので、トータルでもそれぐらいで終わるだろうと思われるかもしれませんが、実際にはそんなにうまくいかず、2日〜3日、遅くて10日ぐらいかかります。それでも、従来のメタン発酵法に比べれば、かなり高速化されたと言えます。

このように、亜臨界水処理すると、
① メタン発酵槽の大きさが、従来のメタン発酵に比べ10分の1から30分の1ぐらいに小さくなる
② メタン発酵の消化率が85％以上、悪くても80％以上に改善される
③ 固体残さの処理がかなり軽減され、排水処理設備が相当縮小される

というメリットが出てきます。大都会でも設置可能なコンパクトな発酵装置にすることができます。

2）下水汚泥を資源化した場合の試算

　私が住む堺市に頼まれ、フィージビリティ・スタディ（企業化調査）のために、堺市の余剰活性汚泥を実験的に亜臨界水処理してみました。

　汚泥の初期重量パーセントが0.7％の場合、200℃10分間では大体5分の1ぐらい汚泥が残りますが、280℃10分間ではそれが完全に可溶化します。また、240℃20分をピークに、リン酸、酢酸、ピログルタミン酸が非常に濃いものが得られますので、リン酸を回収すれば肥料に、残りはメタン発酵に回すことができます。メタン発酵も、余剰汚泥をそのままメタン発酵した場合と、亜臨界水処理してからメタン発酵した場合とでは、亜臨界水処理してからメタン発酵した方が大体倍以上の効果（発酵後3日目）が出ました。

　堺市には、1日当たり約1,000トンの余剰汚泥が出る活性汚泥処理場が4カ所あります。ここでは、人口約17万人の下水を処理しています。この処理場に亜臨界水処理装置とメタン発酵装置を導入した場合を試算してみました。

　1日当たり1,000トンの余剰汚泥（含水率99％）を、含水率90％まで落として亜臨界水処理してからメタン発酵させたとして、イニシャルコストは2分の1が国の補助、2分の1が借金（利子は返す）。二つの装置を入れることによって、従業員数を5人増やし、人件費を払い、借地料を払い、いろいろ考えられることをすべて算入して企業化調査をしました。その結果、初年度から利益が出て黒字になりました。今まで、堺市の下水処理は大赤字でした。それがわずかですが、単年度から黒字になり、累計余剰金は増えていきますので、これらの装置を

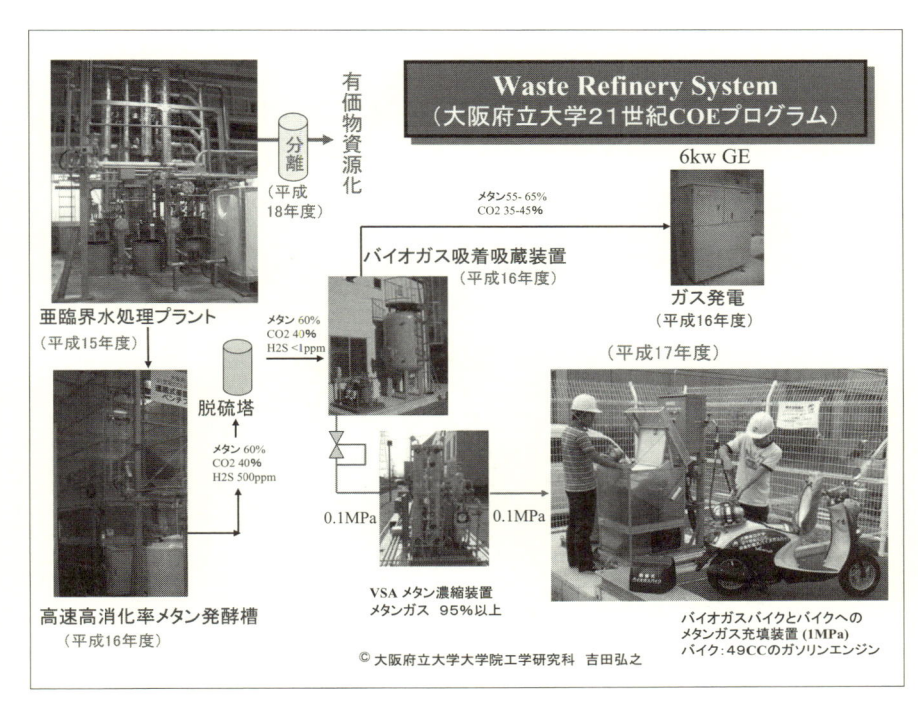

図3-3 大阪府立大学21世紀COEプログラムでつくったプラント

導入すると相当な利益になると考えられます。
　一方、亜臨界水処理装置を入れず、メタン発酵装置だけ導入した場合は、初年度から赤字となりました。焼却料は不要ですが、赤字が累積します。

3）COEプログラムでプラント実験

　我々は、こういった実験データや企業化調査に基づき、先述した「21世紀COEプログラム」（研究拠点形成費補助金）のお金でプラントをつくらせていただきました。
　図3-3が、1日当たり4トンの固体状の有機物を処理できる縦型連続亜臨界水処理プラントです。有価物を取った後の残りかすは、メタン発酵させるために、10立方メートルの高速高消

化率メタン発酵槽に回します。普通のメタン発酵では、120立方メートルぐらいのメタン発酵装置が必要になりますが、亜臨界水処理がされているので10立方メートルで十分です。発酵槽から出てきたガスには、硫化水素も入っているので、脱硫塔を通らせて、40％の二酸化炭素、60％のメタンガスが混じった気体をバイオガス吸着吸蔵装置に入れます。

ここから出てくるメタンガスを使ったガス発電には、ディーゼルエンジンを使いますが、40％の二酸化炭素が入っていてもエンジンは動き、十分発電ができることは実証されています。メタンガスを単車（49cc）に積む場合は、ガソリンエンジンのバイクでは、タンクをメタンガス用のタンクに変えます。その場合は、95％以上のメタンガス濃度でないとエンジンは回りません。図3-3にあるメタン濃縮装置（「バキューム・スウィング・アドソープション（VSA）」という吸着装置）で発生させた濃度95％以上の純粋なメタンガスを使います。メタンガスタンクの中には活性炭が入れられ、メタンガスが10気圧以下の内圧で50気圧分入っています。1立方メートル入れると、50キロメートル走行できます。メタンガスをガソリンエンジンで走る自動車（360cc）に積む場合は、タンクをメタンガス用のタンクに変え、3.5立方メートル入れると、70キロメートル走行できます。これは現在、大学内の郵便配達に使っています。

このプラントは、豆腐のおからを原料にして亜臨界水処理してからメタン発酵させると、おから2キロからメタンガス1立方メートル（大体ガソリン1リットルに対応）がとれます。ランニングコストは1トン当たり2,400円（電気代￥10/kW）です。人件費は含まず、おからはただでもらっています（おからは

産廃なので、もしそれを仕事にすれば処理費をもらえる。その辺でコストは変わってくる）。

亜臨界水処理装置——実用化への動き

　亜臨界水処理装置実用化へ向けての動きについては、我々が提出した「大阪エコタウンプラン」が2005年7月に国から認められ、先ほどの大阪府立大の1日当たり4トンのプラントを、1日当たり70トンにスケールアップしたプラントを大阪エコタウンに建設しました。

　現在、近畿環境興産株式会社が運転中のこのプラントでは、塩素系の有機溶剤、ジクロロメタン、トリクレンなど塩素系の有機溶剤の脱塩素化の商用運転をしています。しかし、1日当たり70トンを処理できるプラントに対して、今1日当たり40トンしか塩素系の廃油が集まっていませんので、40トン/日の商用運転をしています。収支については、塩素系の廃油が70トン/日集まれば、4年ぐらいでイニシャルコストを回収できるという試算が立っていましたが、今40トンしか集まっていませんので、7年〜8年ぐらいかかるということです。

　亜臨界水処理装置は小さなプラントですから、メタン発酵装置が小さくなり、大都会でも設置できるメリットがあります。それを聞きつけて、三菱地所が2005年8月から2008年5月まで、東京丸の内の大手町ビルの1階に「大手町カフェ」をオープンしました。「人と街と環境をつなぐコミュニティー空間」をコンセプトに、モデルプラント（丸の内ビル街全体から出る生ごみを亜臨界水処理してメタン発酵する）をつくって展

示しました。これはおもちゃのプラントですが、多くの見学者に来場いただき、宣伝になりました。

また、科学技術振興機構（JST）の独創的シーズ展開事業の委託開発として、三菱長崎機工が委託企業になり、鶏の不可食部（羽毛、骨、内臓など）を亜臨界水処理して資源化した事例があります。亜臨界水で分解して、小さなアミノ酸とかペプチドなど栄養価が非常に高い、かなりよいえさができ、成功のお墨付きをもらいました。

さらに2009年の3月には、大阪府立大学で可搬式の連続亜臨界水処理プラントをつくりました。これは、このプラントを希望があればどこへでもレンタルできるように、あるいは我々がトラックに積んで現場に持って行き、実証試験をしながらプロセスを提案できるようにつくったものです。

本書は、2009年11月18日、国際連合大学 ウ・タント国際会議場で開催された、「ゼロエミッションフォーラム創立10周年記念シンポジウム2009――ゼロエミッション活動と今後の方向」を収録したものです。

サステナビリティ辞典

Sustainability Dictionary

本書の3大編集方針

❶ 地球有限性の認識
❷ 生態系の全体的保全
❸ 未来世代への利益配慮

環境の専門家に喜ばれています
環境用語 約1,100語 収録
ありそうでなかった本です！

収録語彙の一例。
【アメリカ・エビ輸入禁止事件】【カエル・ツボカビ症】【カヌー声明】【環境民主主義仮説】【ゴール・イズ・ゼロ】【ダーティ・ゴールド】【ゆで蛙シナリオ】…必要な語彙を豊富にまとめています。

四六判　並製　400ページ　定価2,730円